Optische in situ Meßtechniken bei der Entwicklung und Anwendung von plasmaunterstützten Oberflächentechniken für räumlich ausgedehnte und komplexe Geometrien

Von der Fakultät Konstruktions- und Fertigungstechnik der Universität Stuttgart zur Erlangung der Würde eines Doktor-Ingenieurs (Dr.-Ing.) genehmigte Abhandlung.

Vorgelegt von:

Dipl.-Ing. Peter Stratil

Hauptberichter: Prof. Dr. h. c. mult. Dr.-Ing. H.-J. Warnecke

Mitberichter: Prof. Dr. rer. nat. A. Lunk

Tag der Einreichung: 19.6.1995

Tag der mündlichen Prüfung: 25.7.1996

Peter Stratil

Optische in situ Meßtechniken bei der Entwicklung und Anwendung von plasmaunterstützten Oberflächentechniken für räumlich ausgedehnte und komplexe Geometrien

Mit 96 Abbildungen und 14 Tabellen

Dr.-Ing. Peter Stratil
Fraunhofer-Institut für Produktionstechnik und Automatisierung (IPA), Stuttgart

Prof. Dr.-Ing. Dr. h. c. mult. H. J. Warnecke
o. Professor an der Universität Stuttgart
Präsident der Fraunhofer-Gesellschaft, München

Prof. Dr.-Ing. Dr. h. c. E. Westkämper
o. Professor an der Universität Stuttgart
Fraunhofer-Institut für Produktionstechnik und Automatisierung (IPA), Stuttgart

Prof. Dr.-Ing. habil. Prof. e. h. Dr. h. c. H.-J. Bullinger
o. Professor an der Universität Stuttgart
Fraunhofer-Institut für Arbeitswirtschaft und Organisation (IAO), Stuttgart

D 93

ISBN 978-3-540-64400-2 ISBN 978-3-642-47916-8 (eBook)
DOI 10.1007/978-3-642-47916-8

Gesamtherstellung: Copydruck GmbH, Heimsheim
SPIN 10677566 62/3020–5 4 3 2 1 0

Geleitwort der Herausgeber

Über den Erfolg und das Bestehen von Unternehmen in einer marktwirtschaftlichen Ordnung entscheidet letztendlich der Absatzmarkt. Das bedeutet, möglichst frühzeitig absatzmarktorientierte Anforderungen sowie deren Veränderungen zu erkennen und darauf zu reagieren.

Neue Technologien und Werkstoffe ermöglichen neue Produkte und eröffnen neue Märkte. Die neuen Produktions- und Informationstechnologien verwandeln signifikant und nachhaltig unsere industrielle Arbeitswelt. Politische und gesellschaftliche Veränderungen signalisieren und begleiten dabei einen Wertewandel, der auch in unseren Industriebetrieben deutlichen Niederschlag findet.

Die Aufgaben des Produktionsmanagements sind vielfältiger und anspruchsvoller geworden. Die Integration des europäischen Marktes, die Globalisierung vieler Industrien, die zunehmende Innovationsgeschwindigkeit, die Entwicklung zur Freizeitgesellschaft und die übergreifenden ökologischen und sozialen Probleme, zu deren Lösung die Wirtschaft ihren Beitrag leisten muß, erfordern von den Führungskräften erweiterte Perspektiven und Antworten, die über den Fokus traditionellen Produktionsmanagements deutlich hinausgehen.

Neue Formen der Arbeitsorganisation im indirekten und direkten Bereich sind heute schon feste Bestandteile innovativer Unternehmen. Die Entkopplung der Arbeitszeit von der Betriebszeit, integrierte Planungsansätze sowie der Aufbau dezentraler Strukturen sind nur einige der Konzepte, welche die aktuellen Entwicklungsrichtungen kennzeichnen. Erfreulich ist der Trend, immer mehr den Menschen in den Mittelpunkt der Arbeitsgestaltung zu stellen - die traditionell eher technokratisch akzentuierten Ansätze weichen einer stärkeren Human- und Organisationsorientierung. Qualifizierungsprogramme, Training und andere Formen der Mitarbeiterentwicklung gewinnen als Differenzierungsmerkmal und als Zukunftsinvestition in *Human Resources* an strategischer Bedeutung.

Von wissenschaftlicher Seite muß dieses Bemühen durch die Entwicklung von Methoden und Vorgehensweisen zur systematischen Analyse und Verbesserung des Systems Produktionsbetrieb einschließlich der erforderlichen Dienstleistungsfunktionen unterstützt werden. Die Ingenieure sind hier gefordert, in enger Zusammenarbeit mit anderen Disziplinen, z. B. der Informatik, der Wirtschaftswissenschaften und der Arbeitswissenschaft, Lösungen zu erarbeiten, die den veränderten Randbedingungen Rechnung tragen.

Die von den Herausgebern langjährig geleiteten Institute, das

- Institut für Industrielle Fertigung und Fabrikbetrieb der Universität Stuttgart (IFF),
- Institut für Arbeitswissenschaft und Technologiemanagement (IAT),
- Fraunhofer-Institut für Produktionstechnik und Automatisierung (IPA),
- Fraunhofer-Institut für Arbeitswirtschaft und Organisation (IAO)

arbeiten in grundlegender und angewandter Forschung intensiv an den oben aufgezeigten Entwicklungen mit. Die Ausstattung der Labors und die Qualifikation der Mitarbeiter haben bereits in der Vergangenheit zu Forschungsergebnissen geführt, die für die Praxis von großem Wert waren. Zur Umsetzung gewonnener Erkenntnisse wird die Schriftenreihe „IPA-IAO - Forschung und Praxis" herausgegeben. Der vorliegende Band setzt diese Reihe fort. Eine Übersicht über bisher erschienene Titel wird am Schluß dieses Buches gegeben.

Dem Verfasser sei für die geleistete Arbeit gedankt, dem Springer-Verlag für die Aufnahme dieser Schriftenreihe in seine Angebotspalette und der Druckerei für saubere und zügige Ausführung. Möge das Buch von der Fachwelt gut aufgenommen werden.

H. J. Warnecke   E. Westkämper   H.-J. Bullinger

Vorwort

Die vorliegende Arbeit entstand während meiner Tätigkeit als wissenschaftlicher Mitarbeiter am Institut für Industrielle Fertigung und Fabrikbetrieb der Universität Stuttgart und im Rahmen eines interdisziplinären Forschungsprojektes des Fraunhofer Instituts für Produktionstechnik und Automatisierung IPA Stuttgart mit den den französischen Instituten: L.P.I.A.M. Laboratoire Plasmas Réactifs en Interaction Avec les Matériaux (CNRS / ONERA) sowie am L.P.G.P. Laboratoire de Physique des Gaz et des Plasmas, Université Paris-Sud, Orsay.

Mein Dank gilt Herrn Prof. Dr. h. c. mult. Dr. -Ing. H.-J- Warnecke für die großzügige Unterstützung und Förderung welche die Durchführung dieser Arbeit ermöglichte.

Herrn Prof. Dr. rer. nat. A. Lunk danke ich für die eingehende Durchsicht der Arbeit und die wertvollen Hinweise, die sich daraus ergaben.

Darüber hinaus danke ich allen Mitarbeitern der Institute die durch kritische Anregungen, konstruktive Diskussionen aber auch durch ihre Hilfsbereitschaft und Motivation zu dieser Arbeit beigetragen haben. Mein besonderer Dank gilt den Herren Dr. K. Melchior, Dr.-Ing. D. Mann, Dr.-Ing. W. Olbrich, Fr. Dill und Hr. P. Willems. Für die Unterstützung an den französischen Instituten möchte ich insbesondere den Herren Dr. J. Jolly, Dr. J. Perrin, Dr. G. Baravian, Dr. G. Sultan, Dr. P. Kae-Nun und Dr. M. Ganz danken, mit denen sich über die sehr fruchtbare Zusammenarbeit auch eine freundschaftliche Verbundenheit entwickelt hat.

Der Rückhalt meiner Familie und guter Freunde, die geholfen haben auch schwierige Situationen zu bestehen, motivierte mich immer wieder bei der Durchführung dieser Arbeit. Ich widme daher dieses Buch meinen Eltern und Sylvie.

Saarbrücken, September 1997 Peter Stratil

Inhaltsverzeichnis

Abkürzungen und häufig verwendeter Begriffe

a-C:H	Harte, amorphe Kohlenstoffschicht
ASE	Verstärkte spontane Emission (Amplified Spontaneous Emission)
CARS	Kohärent anti-Stokes Raman Streuung (Coherent anti-Stokes Raman scattering)
DC	Gleichstrom (Direct Curent)
LIF	Laser Induzierte Fluoreszenz (Laser Induced Fluorescence)
OES	Optische Emissionsspektroskopie
PACVD	Plasmaaktivierte Abscheidung aus der Gasphase (Plasma Asissted Chemical Vapor Deposition)
Puls-DC	Gepulster Gleichstrom
PVD	Abscheidung auf der Basis physikalischer Gasphasenverfahren (Physical Vapor Deposition)
RF	Radiofrequenz
ThG	Thermodynamisches Gleichgewicht (LTE Local Thermal Equilibrium)

DS	Diffusionsschicht
EVF	Energieverteilungsfunktion
GVF	Geschwindigkeitsverteilungsfunktion
KF	Kathodenfall
NhT	Nitrierhärtetiefe
OPAG	Oberflächentechnik auf Basis plasmaaktivierten Gasphasen
PS	Plasmasaum
RT	Raumtemperatur
VS	Verbindungsschicht

Naturkonstanten

Allgemeine Gaskonstante	R	$8{,}314510 \text{ J mol}^{-1} \text{ K}^{-1}$
Avogadro Konstante	N_A	$6{,}022\ 134 \cdot 10^{23} \text{ mol}^{-1}$
Boltzmann-Konstante	k	$1{,}380\ 658 \cdot 10^{-23} \text{ J K}^{-1}$
Elektronenmasse	me	$9{,}109389 \cdot 10^{-31} \text{ kg}$
Elementarladung	e	$1{,}60217733 \cdot 10^{-19} \text{ C}$
Lichtgeschwindigkeit im Vakuum	c_0	$299792458 \text{ ms}^{-1}$
Plancksches Wirkungsquantum	h	$6{,}626075\ 5 \cdot 10^{-34} \text{ J s}$

Größe	Einheit	Bezeichnung
A, .. X	-	Stoff- oder Teilchenbezeichnung
[A], .. [X]	%	Stoffkonzentration in einem Gasgemisch
A_{ji}	-	Koeffizient der spontanen Emission
A_r	-	Korrekturfaktor bei Emission über Zwischenstufen
B_G	m	Breite eines Gitterstriches
B_V	-	molekulare Rotationskonstante
d_G	m	Abstand einzelner Gitterstriche
d_{Ion}	m	Eindringtiefe von Ionen in die Festkörperoberfläche
d_{KF}	m	Ausdehnung des Kathodenfalls in einer Glimmentladung
$E\varepsilon$	eV	minimale Anregungsschwelle eines Teilchens
E^*_{ionis}	eV	Ionisierungsniveau
E, ΔE	W	Energie, Energiedifferenz
E_0	eV	energetischer Grundzustand eines Teilchens (Atom, Molekül)
E_{ele}	J	elektronische Energie eines Moleküls
E_i, E_j	eV	Energieniveaus eines Atoms oder Moleküls
E_{Ion}, E_M	J	Energie eines Ions; Energie eines Moleküls
E_{ji}	eV	Energiedifferenz zweier Besetzungsniveaus
E_{rot}	J	Rotationsenergie eines Moleküls
E_{vib}	J	Schwingungsenergie eines Moleküls
$\overline{E}$	V/m	elektrisches Feld $\overline{E}$
f	1/s	Frequenz
f_{DC}	1/s	Pulsfrequenz einer DC-Glimmentladung
$f_E(\varepsilon)$	-	Energieverteilungsfunktion freier Elektronen
F_R	N	Reibkraft
g_{ji}	-	statistischer Gewichtsfaktor
I	A	Stromstärke, Gesamtstrom
I(λ)	W/m²	Intensität eines Lichtwelle
I(J')	W/m²	Intensität einer Emissionslinie einer Rotationsbande
I_{CH}, I_X(A)	W/m²	Emissionsintensität eines Atomes oder Moleküls (hier: CH)
I_{Emis},	W/m²	Emissionsintensität
I_{Gl}	A /m²	charakteristische Stromdichte in Glimmentladungen
I_{pr}	A /m²	aufgeprägte Stromdichte (Strom bezogen auf ges. Kathodenoberfläche)
j	-	Ionisationsgrad von Teilchen
J'	-	Quantenzahl

j_e, j_i	A	Ladungsträgerstrom (Elektronen, Ionen)
k_{eM}	-	Anregungskoeffizienz für Emission durch Elektronenstoß
Kn	-	Knudsenzahl; Kennzahl für die Strömungscharakteristik
K_X	-	Reaktionskonstante
L*	m	charakteristische Länge in einem Niederdruckreaktor
L_C	N	kritische Last
m	kg	Masse
m_0, m_{Ar}	kg	Ruhemasse eines Teilchens, Masse eines Teilchens (hier Argon)
n	$1/m^3$	Teilchendichte
$n^+{}_i$, $n^-{}_e$	-	positiver, negativer Ladungsträger
N, dN	-	Teilchenzahl, Teilchenintervall
n_A, n_B	-	Konzentration einer Teilchengruppe A, B
n_e, n_i	$1/m^3$	Elektronendichte, Anzahl Ionen
N_G	-	Anzahl Gitterstriche
O, O'	-	Objekt, Beugungsfigur eines Objektes
P	W	Leistung
p	Pa	Gasdruck
P_D	s	Pulsdauer
P_{eff}	J	Wirkleistung
P_K	V	Kathodenspannung
P_r	J	zeitliche variierende relative Leistung
Q_V	sccm	Massendurchfluß
r_A	m	Atomradius
R_K	-	Reaktionskonstante
r_{Pl}	m	Kugelradius eines Plasmavolumens
R_X	-	Reaktionsrate
T, dT, ΔT	K	Temperatur, differenzielles Temperaturintervall, Temperaturdifferenz
t, dt, Δt	s	Zeit, differenzielles Zeitintervall, Zeitdifferenz
T_e, T_i	eV	Elektronentemperatur, Temperatur der Ionen
T_G	K	Temperatur des Neutralgases
t_{HV}	m	Eindringtiefe eines Vickersdiamanten
U	V	Spannung, Potential
v', v''		Schwingungs Quantenzahl
V, dV	m^3	Volumen, differenzieller Volumenanteil
v, dv	m/s	Geschwindigkeit, differentielles Geschwindigkeitsintervall
$\bar{v}$	m/s	mittlere lineare Geschwindigkeit
v_e, v_i	m/s	Teilchengeschwindigkeiten (Elektronen, Ionen)

V_{Pl}	m^3	Plasmavolumen
z	m	Abstandskoordinate von der Oberfläche
α, β	°	Winkel
α_G, α_G'	°	Einfall- und Brechungswinkel eines Lichtstrahls
α_{To}	-	Townsend-Ionisierungskoeffizient der Ladungsträgererzeugung
γ_{To}	-	Townsend-Multiplikationsfaktor der Vervielfältigung
$\delta_{\varepsilon in}$	J	abgegebene mittlere Energie bei einem inelastischen Stoß
δ_G	-	Phasenunterschied einer gebeugten Lichtwelle
$\varepsilon_{SE(z=0)}, \varepsilon_{SE(z=\Delta L)}$		Energie von Sekundärelektronen im Kathodenfall z = Ortskoordinate
η	-	Wirkungseffizienz der Elektronenemission
η_A, η_B	-	Anregungseffizienz der Teilchengruppe A, B
λ, λ_{ji}	m	Wellenlänge einer Lichtwelle
λ_A	m	Anregungswellenlänge
λ_{fW}	m	mittlere freie Weglänge
λ_R	m	Wellenlänge eines durch Photonen angeregten Systems
λ_{SE}	m	mittlere freie Weglänge von Sekundärelektronen
λ_D	m	Debye-Hückel-Länge (plasmacharakteristische Weglänge)
$\varphi, \Delta\varphi$	°	Winkel, Winkeldifferenz
$\rho^+ \rho^-$	-	Ladungsträgerdichte (positiver Ionen, negativer Ionen und Elektronen)
σ_{eM}	-	Geschwindigkeitsverteilung von Elektronen
σ_{ion}	m^2	Wirkungsquerschnitt für Ionisation $\sigma_{ion} = f E(\varepsilon)$
σ_{tot}	m^2	totaler Wirkungsquerschnitt
$\sigma, \sigma(E)$	m^2	Wirkungsquerschnitt, enregieabhängig: $\sigma(E) = fE(\varepsilon)$
τ	s	Zeit zwischen 2 Stößen
ν, ν_{ji}	1/s	Frequenz eines Photons
ν^*	1/s	Stoßfrequenz
ν_e	-	Geschwindigkeitsverteilung von Elektronen
ΔL_C	m	Ausdehnung des Plasmasaumes
$\Phi N', \Phi N'', \Phi N'''$		Gasmischung: singuläres, binäres, ternäres Gasgemisch
ψ	°	Winkel der Oberflächennormale zur Detektionsachse

1 Einleitung

Die Bedeutung und der gezielte Einsatz von Oberflächenbehandlungen hat sich in nahezu allen Technologiesektoren zu einem Schlüsselbereich entwickelt, insbesondere seitdem die Oberfläche und die randnahe Zone eines Bauteils als maßgebliches System für viele erfolgreiche Applikationen verstanden werden.

Innovative Verfahrens- und Fertigungstechnologien im Bereich Oberflächenbehandlung und Modifikation haben parallel dazu ein Technologiepotential erschlossen, auf dessen vielfältige Möglichkeiten zahlreiche Bereiche moderner Fertigung zurückgreifen. Damit sind ausdrücklich alle plasmaunterstützten Verfahren eingeschlossen, die durch ihre besondere Charakteristik - die Nutzung eines hoch reaktiven Gaszustandes - neue, eigenständige Technologiegruppen etabliert haben.
Das verbindende Element dieser Technologie ist ein besonderer physikalischer Zustand der eingesetzten gas- und dampfförmigen Arbeitsstoffe. Dieser daraus abgeleitete sogenannte Plasmazustand wird im wesentlichen durch eine geeignete elektrische Energieeinkopplung in ein Gasvolumen bei niedrigem Druck erreicht (0,1 - 300 Pa). Die resultierende Anregung von Teilchen erzeugt bei niedriger Prozeßtemperatur ein hochreaktives Arbeitsmedium, das an einer Werkstückoberfläche zu physikalischen Vorgängen und chemischen Reaktionen führt; diese würden unter thermodynamischen Gleichgewichtsbedingungen nicht oder nur bei sehr viel höheren Temperaturen stattfinden.

Der Verfahrensbereich der plasmaunterstützten Oberflächentechnik aus der Gasphase zeichnet sich durch eine breite Anwendungsbasis (z. B. Abtrag, Modifikation, Aktivierung oder Abscheidung) aus. Ihr Hauptvorteil liegt in einer ungerichteten und damit konturtreuen Oberflächenbehandlung, die eine hohe Beladungsdichte der Anlage mit den zu behandelnden Bauteilen erlaubt. Dieser unter wirtschaftlichen Gesichtspunkten sehr wichtige Aspekt wird durch die umweltfreundliche, da resourcenschonende und energieminimierende Technologie unterstrichen.

Viele der möglichen Teilprozesse wie Reinigen /1/, Modifizieren von Kunststoff-Oberflächen /2/, oder plasmaunterstützte Thermo-Diffusion /3, 4, 5/ werden industriell bereits eingesetzt, obwohl die ursächlichen Phänomene wissenschaftlich noch nicht vollständig geklärt sind. Dies ist insbesondere darauf zurückzuführen, daß die *phänomenologische Toleranz* groß ist; d. h. bereits eine relativ unspezifische Plasmawirkung ausreicht, um experimentell verwendbare Ergebnisse zu erzielen.
Im Gegensatz dazu weist insbesondere der Prozeßbereich der Abscheidung aus der plasmaaktivierten Gasphase (PACVD), eine *phänomenologisch enge Toleranz* auf; die Bedingungen für erfolgreiche Anwendung dieser Plasmaprozesse sind sehr viel stärker limitiert. Dies ist durch die verfahrensspezifische Charakteristik begründet, bei der eine Vielzahl nachfolgend aufgeführter Prozeßbedingungen lokal komplex miteinander verknüpft sind.

- Erzeugung angeregter, reaktiver Teilchen und Ionen.
- Transportvorgänge von und zur Oberfläche, (diffusions- und feldinduziert).
- Aufbau, Wachstum und Modifikation der Schichtstruktur.

Die komplexe Wechselwirkung dieser Effekte untereinander, sowie eine ungenügende Kenntnis damit verknüpfter innerer Prozeßkenngrößen führt dazu, daß die einzelnen Teilvorgänge nur bedingt selektiv optimiert werden können. Diese charakteristischen inneren Prozeßgrößen sind gleichbedeutend mit spezifischen Plasmazuständen, die sich lokal als Reaktion auf die Wechselwirkung mit den äußeren Prozeßparametern einstellen.

Die aktive Einbindung physikalische Diagnostikmethoden (z. B. Sonden /6/ oder spektrale finger prints /7, 8/) bieten die Möglichkeit, unmittelbar während eines Prozesses Informationen über den aktuellen Zustand zu gewinnen und die bestehenden Probleme mit neuen Ansätzen anzugehen. Dies betrifft insbesondere die Plasma-Diagnostikmethoden, die immer mehr vom Instrument naturwissenschaftlicher Grundlagenforschung zum ingenieurwissenschaftlichen Werkzeug werden /9, 10, 11/.
Der funktionale Zusammenhang dieser Technologie (vgl. Bild 1) betont die interdisziplinären Relationen der einzelnen Verfahrensbereiche.

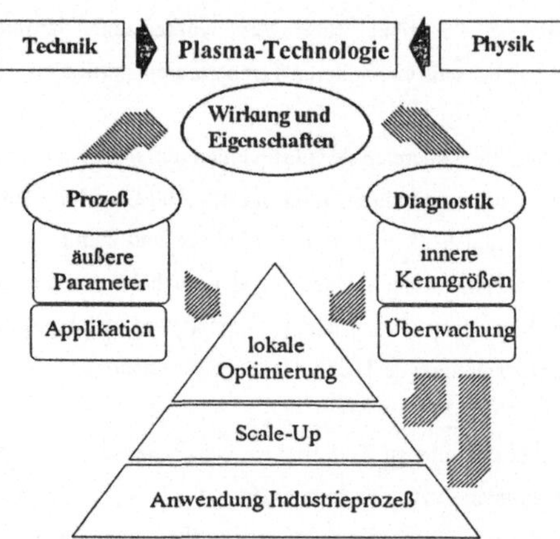

Bild 1 Funktionaler Zusammenhang plasmaaktivierter Gasphasenprozesse und zugehöriger Oberflächentechnik (Kombinationsprozesse, Abscheidung)

Hier ist auch der interdisziplinäre Ansatz zu finden, der für die Lösung komplexer Aufgaben und die effiziente Umsetzung zu industriell nutzbaren Technologien immer bedeutsamer wird: Die effektive Verknüpfung grundlagenorientierter und industrienaher Forschung für eine schnelle Umsetzung in marktfähige, innovative Produkte und einer flexiblen Anwendung im Fertigungsprozeß.

1. 1 Entwickungsbedarf und Lösungstrategie

Das Segment der industriell eingesetzten Oberflächentechnik auf Basis plasmaaktivierter Gasphasen ist bisher hauptsächlich auf Prozesse mit einer breiten phänomenologischen Toleranz beschränkt. Um vorherrschende Hemmnisse und Einschränkungen dieser Technologie zu überwinden und diesen Verfahrensbereich zu erweitern (Abscheidung, Kombinationsprozesse), muß die bisherige Lösungs- und Entwicklungsstrategie erweitert werden: Die experimentelle Vorgehensweise muß stärker mit den physikalisch-chemischen Vorgängen verbunden werden, um mit diesen Maßnahmen eine engere Korrelation zu den verwertbaren Ergebnissen auf Bauteile zu erzielen. Dazu müssen interdisziplinäre Ansätze, in der vorliegenden Arbeit die optische in situ-Plasmadiagnostik, zur Anwendung kommen.

Die Vorgehensweise nutzt konsequent den technischen Kenntnisstand der Basisprozesse, z. B. der Materialcharakteristik bei Thermo-Diffusionsbehandlungen, oder die phänomenologische Wirkung der inhomogenen Plasma-Festkörperinteraktionen, nutzt aber systematisch weitere innere Prozeßkenngrößen. Diese Verknüpfung erlaubt eine flexible Prozeßführung, und damit eine schnellere Umsetzung auf den Anwendungsfall. Darüber hinaus kann die Prozeßsicherheit erhöht und auf diese Weise die Produktqualität gesteigert werden. Die Plasmadiagnostik kann daher als neue Prozeßkomponente bei plasmaunterstützten Oberflächentechniken den Handlungsspielraum deutlich erweitern.

Das phänomenologische Zusammenwirken der einzelnen Prozeßkomponenten muß im Experiment und im industriellen Aufbau untersucht werden, um durch eine systematisch durchgeführte Prozeßcharakteristik die Möglichkeiten und Grenzen der Verfahren (innerhalb vorgegebener Parameterräume) zu erfassen. In Bild 2 ist die komplexe Verknüpfung der Entwicklung und der Umsetzung eines Prozeßschrittes dargestellt. Für industriell genutzte Anwendungen müssen jeweils mehrere Teilschritte lokal optimiert und dann auf ein größeres Reaktionsvolumen umgesetzt werden. Effektive Entwicklungs- und Anwendungsvorteile ergeben sich dabei erst durch die konsequente Nutzung einer in situ-Diagnostikkomponente, die diese Teilsegmente verbindet.

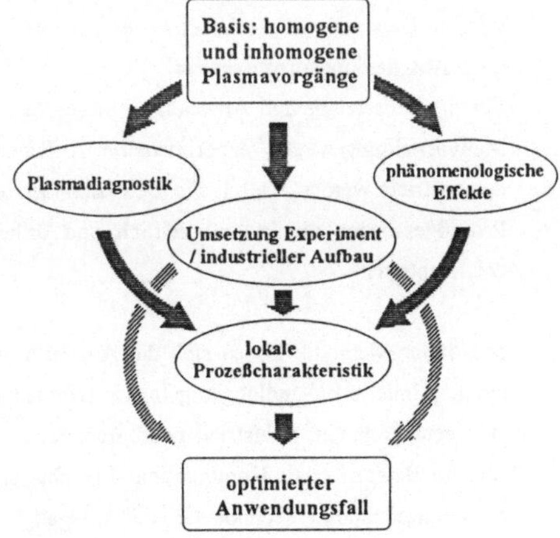

Bild 2 flexible Entwicklung, Umsetzung und Prozeßkontrolle bei Oberflächenprozessen mittels plasmaaktivierten Gasphasen

1. 2 Motivation und Aufgabenstellung

Als Herausforderung für einen zukünftigen industriellen Einsatz der Abscheidung aus der plasmaaktivierten Gasphase (PACVD) hat sich die Hochskalierung dieser Prozesse herausgestellt. Dies ist eng mit neuen Konzepten zur Prozeßentwicklung, Optimierung und Überwachung verknüpft, da sich die bisher experimentell orientierte Vorgehensweise für die wachsende Komplexität der Abscheidungs- und Kombinationsverfahren als zunehmend aufwendig und in großvolumigen Reaktoren bisher erfolglos darstellt.

Der zukünftige, industriell geforderte Anwendungsbereich der Oberflächentechnik auf der Basis plasmaaktivierter Gasphasen (OPAG) zielt auf Schichtsysteme für den Verschleiß- und Korrosionsschutz hochwertiger, komplex geformter Bauteile. Der Hauptvorteil dieser Verfahren liegt in der Möglichkeit, konturtreue, optimal an Produktanforderungen angepaßtes Oberflächenbehandlungen durchzuführen.

Ziel dieser Arbeit ist es, den Aspekt prozeßbegleitender in situ Plasmadiagnostiken (Schwerpunkt optische Methoden) bei OPAG-Behandlungen zu untersuchen und die Verbindung zu den bestehenden ingenieurwissenschaftlichen Anwendungsfällen herzustellen. Diese Meß- und Überwachungstechnologie soll verstärkt in die Entwicklungs- und Optimierungsphasen verschiedener plasmaunterstützter Oberflächenprozesse integriert werden. Mit diesen Hifsmitteln können Prozeßabläufe flexibel entwickelt werden, die zustandsabhängige Parameter berücksichtigen und eine aktive Prozeßführung erlauben.

Ausgehend von einer Analyse der Vorgänge im Plasmavolumen und der Interaktionszone zu einer Werkstückoberfläche, sollen die Möglichkeiten dieser Meßtechniken (Basis: passive optische Plasmadiagnostik) und ihr Einsatz in der Grundlagenforschung und der industriellen Anwendung dargestellt werden. Dies schließt die Untersuchung dieses Verfahrens bei der Entwicklung und Charakterisierung eines Abscheidungsprozesses ein.
Für die Umsetzung und Anwendung dieser Meßtechnik in großvolumigen Reaktoren sollen geeignete Meßvorrichtungen und experimentelle Aufbauten entwickelt und die gezeigten Vorteile praktisch demonstriert werden. Durch die Detektion der relevanter innerer Parameter ist es dann möglich, das Prozeßgeschehen unmittelbar zeitlich und örtlich aufgelöst zu betrachten, zu untersuchen und zu dokumentieren.

Mit dieser Methodik lassen sich die Auswirkungen auf Änderungen äußerer Parameter nicht nur als lokal optimierte Behandlungsergebnisse erfassen, sondern auch eine direkte und unmittelbare Beziehung zu einem größeren, industriell nutzbaren Prozeßvolumen aufstellen. Die Überprüfung dieser Ansätze soll am Beispiel eines Kombinations-Schichtsystems erfolgen, da es sowohl alle Schwierigkeiten wie auch Vorteile dieser Technologie widerspiegelt.

2 Klassifizierung plasmaunterstützter Oberflächentechnologien und Plasmen

Die Basis für eine systematische Klassifizierung der Fertigungsverfahren wird durch DIN 8580 gebildet und beschrieben (Auszug in Bild 3). So lassen sich nach dieser Norm die Vielzahl der Fertigungsverfahren in Klassen (Haupt und Untergruppen) sowie in eine weitere Untergliederung einteilen /12, 13/.

Das Prinzip der plasmaunterstützten Oberflächentechnik auf Basis der plasmaangeregter Gasphasen (OPAG) beruht auf der Bereitstellung von angeregten und ionisierten Atomen und Molekülen eines Arbeitsgases sowie einer gezielten und gerichteten Wechselwirkung dieser Teilchen mit Festkörperoberflächen. Diese Teilchen induzieren dabei an der Oberfläche und im oberflächennahen Bereich (Interface) eines Bauteils technologisch nutzbare Vorgänge, die zu Ergebnissen entsprechend eines vorgewählten Parameterbereiches führen (Abtrag, Reinigung, Abscheidung). Die Wahl der äußeren Parameter bestimmt in einem sehr weiten Bereich die mit diesem Werkzeug (Plasma) erzielbaren Effekte am Festkörper.

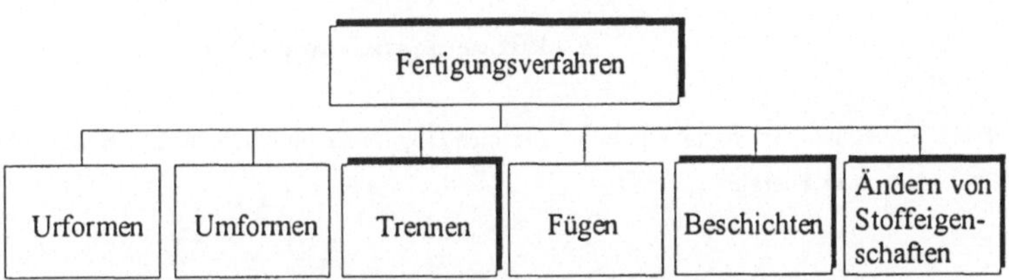

Bild 3 Auszug der Gliederung der Fertigungsverfahren nach DIN 8580

Die OPAG muß aufgrund ihrer vielschichtigen Einzelphänomene mehreren Fertigungsgruppen zugeordnet werden (markierte Hauptgruppen in Bild 3). Es lassen sich eine Vielzahl unterschiedlicher Verfahren separieren, die als eigenständige Prozesse berücksichtigt und klassifiziert werden können, z.B. Modifizieren und Aktivieren von Kunststoffoberflächen, Abstäuben (sputtern), plasmaunterstützte Thermo-Diffusionsbehandlung von Metallwerkstoffen oder Beschichtung. Die phänomenologische Prozeßführung wird in der Praxis durch äußere Parameter wie Gaszusammensetzung, Druck, Spannung und charakteristische Ströme bestimmt. Daneben spielen aber auch die Erzeugungsmethoden der Arbeitsplasmen eine wichtige Rolle (vgl. Kap. Beschichtung S. 48), die die inneren Plasmakenngrößen (Ionisierungsgrad, Elektronentemperatur) beeinflussen.

Eine weitere Unterscheidungsmöglichkeit von Plasmen besteht darin, die Anzahl freier Elektronen (Elektronendichte n_e/m^3) über die Elektronentemperatur in [K] oder [eV] zu charakterisieren. In Bild 4 sind typische Plasmabereiche dargestellt.

Technisch genutzte Niederdruckplasmen (hier speziel: Glimmentladungen) haben typische Elektronendichten n_e von 10^{14}-10^{18} 1/m^3 mit einer Elektronentemperatur T_e zwischen 0,5 und 100 eV. Die Energieäquivalenz zwischen der Elektronentemperatur (in eV) und der zugeordneten Temperatur in K ist durch die Beziehung 1eV ≅ 11600K gegeben /14/.

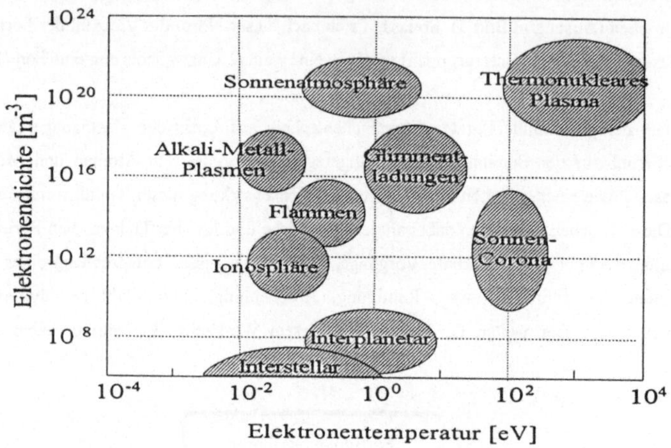

Bild 4 Einteilung charakteristischer Plasmen /15, 16/ als Funktion der Elektronendichte über ihrer Energie.

2. 1 Prinzipien der plasmaunterstützten Oberflächentechnik

Das Werkzeug dieser Technologie ist ein besonderer energetischer Zustand der eingesetzten Arbeitsgase, der in Kap **2. 4** S. 31 näher her dargestellt wird. Dieser sogenannte Plasmazustand wird durch eine geeignete elektrische Energieeinkopplung in ein Gas mit einem Druckbereich von 0,1 ~ 1000Pa erreicht. Unter diesen Randbedingungen wird dem Gas Energie in einer Form zugeführt, die zu einer teilweisen Ionisation führt ($n_i = 1 * 10^{-5}$ - 10 % je nach Anregungsform und Frequenz). Die Anzahl der freien Ladungsträger erhöht sich, und in der Folge entsteht ein von äußeren Parametern abhängiger Stromdurchbruch.

Die Besonderheit dieser Niederdruckplasmen ist ihr charakteristischer Mechanismus der Energieaufnahme über die in diesen Gaszustand vorhandenen freien Elektronen. Damit verbunden ist eine ungleiche Energieverteilung auf die Gesamtheit der Gasteilchen; Elektronen nehmen sehr effektiv Energie aus einem elektrischen Feld auf, Ionen kaum und massereiche neutrale Gasteilchen überhaupt nicht. Andererseits werden die relevanten Anregungsvorgänge überwiegend durch die Stoßwechselwirkung zwischen freien Elektronen und Atomen / Molekülen induziert.

Als Ergebnis dieser Anregungseffekte auf atomarer bzw. molekularer Ebene finden im Plasma und an der Grenzfläche zum Festkörper Vorgänge statt, die unter atmosphärischen Bedingungen nicht oder nur bei sehr hohen Temperaturen stattfinden würden. Die besonderen Eigenschaften von Plasmen lassen sich folglich als Kombination von Effekten abseits eines thermodynamisches Gleichgewichtssystems (ThG) auffassen. Beispielsweise zersetzt sich Methan pyrolytisch (im ThG) erst bei hohen Temperaturen in atomare und molekulare Bruchstücke (C, CH, H_2...), während die Moleküle in einem Plasma bei bereits geringen Temperaturen dissoziiert und angeregt werden. In Verbindung mit einem Ionenbeschuß führt dies unter gewissen Voraussetzungen zu der Abscheidung von harten, amorphen Kohlenstoffschichten (vgl. Kap. **3. 3** S. 56).

$$CH_4 \xrightarrow{1000\text{ -}2000°C} C + 2\,H_2 \qquad CH_4 \xrightarrow[\text{Plasma}]{100\text{ - }300°C} a\text{ - }C{:}H$$

Die energiereichen Elektronen geben ihre Energie durch Stöße mit schweren Teilchen ab. Dies führt zu einer Anregung und Ionisation von Atomen sowie Dissoziation von Molekülen. Die so gebildeten Radikale reagieren untereinander in der Gasphase oder diffundieren zur Oberfläche, an der ebenfalls Reaktionen stattfinden /17, 18/. Ionisierte Teilchen können im elektrischen Feld vor der Kathode (Kathoden-, Bias-Potential) zusätzlich Energie aufnehmen und erreichen die Oberfläche mit einer gegenüber den Neutralteilchen deutlich erhöhten Energie. Bei diesem Auftreffen kommt es in Abhängigkeit von der Ionenenergie zu unterschiedlichen Wechselwirkungen mit der Oberfläche.

Als Folge der Elektronestoßwechselwirkung entstehen im Plasmavolumen und insbesondere in der randnahen Interaktionszone zum Festkörper sehr reaktive Partikel, angeregte Atome, Moleküle und Radikale (vgl. Bild 5). Sie bestimmen in überwiegendem Maße die chemisch reaktive Wirkung von Plasmen. Diese kann in Gasphasen- oder Oberflächenreaktionen genutzt werden (plasmachemisches Ätzen, Oberflächenmodifikation, Abscheidung). Zusätzlich werden durch einen Ionenbeschuß verschiedene Phänomene an der Festkörperoberfläche induziert /17/. In der Tabelle 1 (S. 23) ist eine Anzahl durch Ionenbeschuß ausgelöster Vorgänge zusammengestellt.

Eine technologische Unterteilung von Niederdruck-Glimmentladungen führt zu drei Bereichen (vgl. Bild 5), die getrennt betrachtet werden können. Im Plasmavolumen überwiegt eine homogene Reaktionskinetik (vgl. Kap. homogene Volumenreaktion S. 31), die Übergangs und Interaktionszone ist durch Transportvorgänge und Energiephänomene bestimmt, (vgl. Kap. Plasmasaum und Kathodenfall S. 36), während im und am Festkörper Materialphänomene dominieren (vgl. Kap. Nitrieren S. 41).

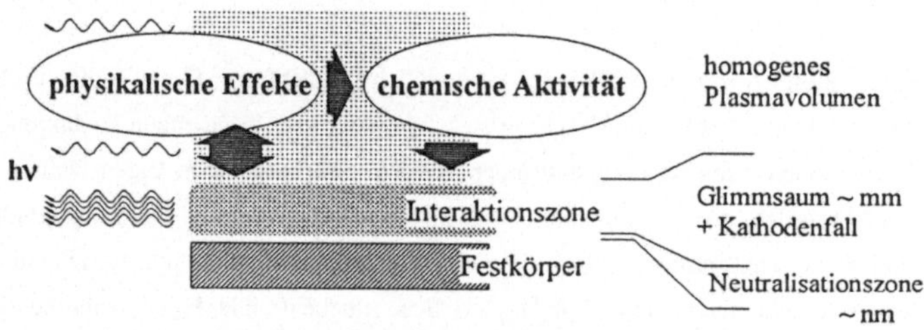

Bild 5 Prinzipielles Wirkungsschema des Werkzeugs "Plasma" und Interaktionsbereich Plasma / Festkörperoberfläche z.B beim Plasmanitrieren

Der technischen Wirkung von Plasmen auf eine Werkstückoberfläche (makroskopische Wirkung) sind physikalische Phänomene auf mikroskopischer und auf atomarer Ebene übergeordnet. Diese Effekte lassen sich direkt auf die Wechselwirkung der Festkörperoberfläche mit Ionen, angeregten Atomen und Molekülen zurückführen. Die Schwierigkeit bei der Handhabung dieser Technologie besteht darin, daß alle Vorgänge phänomenologisch zusammenhängen und lokal miteinander in Wechselwirkung stehen. Dies unterscheidet die Niederdruckplasmen gegenüber Ionenstrahl- oder PVD-Methoden, bei denen Teilphänomene wie Bereitstellung ionisierter Teilchen, Herstellung eines Metalldampfes oder gerichtete Material-Transportvorgänge von der zeitgleichen Wechselwirkung mit einer Werkstückoberfläche abgekoppelt sind.

Praktisch bedeutet dies aber auch, daß OPAG- und insbesondere PACVD-Prozesse eine komplexe Technologie darstellen, die nur mit neuen Ansätzen (Methodik und Meßtechnik) zu einer einsatzfähigen Technologie entwickelt werden kann. Mit der vorliegenden Arbeit wird der Versuch unternommen, die hierfür notwendigen Ansätze zu untersuchen und für eine breitere Anwendung bereitzustellen. Effekte, die die Ausbildung der Glimmentladung und deren charakteristische Emissionen betreffen, werden ausführlich (in Kap. 2. 2 S. 24) aufgezeigt.

Interpretiert man den Übergang zwischen homogenem Plasmavolumen und der Oberfläche als zentrale Interaktionszone (vgl. Kap. 2. 5 S. 36) /19/, kann man ein vereinfachtes Wirkungsschema aufstellen (vgl. Bild 5). Diese Zone wird sowohl durch eine erhöhte physikalisch-chemische Interaktion (Aktivierung) als auch durch physikalische Effekte der Oberflächenphänomene (Ionenwirkung) gekennzeichnet. Emissionen als sichtbare Folge der Plasmaaktivität stellen Sekundäreffekte dieser Vorgänge dar, die lokale Zustandsinformationen des Prozesses liefern. Sie lassen sich z. T. sehr eng mit den Ergebnissen der Oberflächenbehandlung verknüpfen und stellen damit neue, unabhängige Parameter dar /7/.

Plasma - Oberflächeninteraktion durch Ionen

Ionen die auf die Werkstückoberfläche auftreffen, lösen bei diesem Vorgang lokale Folgeeffekte aus. Dies hängt von ihrer Energie und Flugrichtung ab und kann von einer Anlagerung oder der induzierten Emission von Elektronen bis zum Abstäuben von fest in das Gefüge eingebundenen Atomen reichen. Damit wird eine direkte Interaktion zwischen dem Plasma und der Werkstückoberfläche aufgebaut.

Die besondere Wirkung des Plasmazustandes besteht damit nicht nur im Gaszustand, sondern ist auch über eine Vielzahl von Effekten in der Grenzschicht Plasma / Festkörperoberfläche nutzbar. Daher sollen im folgenden die wichtigsten Elementarprozesse beschrieben und in ihrer Wirkung auf die gewünschte Bearbeitung eingeteilt werden (vgl. Tabelle 1). Sie sind im Prinzip eng miteinander gekoppelt, da ausgenommen von Ionenstrahlverfahren die Energie der beschleunigten Teilchen über Verteilungsfunktionen bestimmt wird.

Tabelle physikalischer Effekte durch Teilchenbeschuß

Ionenenergie (eV)	physikalischer Effekt	Prozeß und Wirkung	Lit. Ref.
0,01 .. 0,5	thermische Aktivierung von Adatomen, Migration, Adsorption	Oberflächenbeweglichkeit der Atome und Moleküle wird erhöht (aktiviert); Teilchen werden angelagert und schwach gebunden.	/20/
0,1 .. 10	Desorption	angelagerte Teilchen verlieren die kollektive Haftung (Übergang in Gasphase).	/17/
1 .. 10	Einlagerung	Teilchen werden in bestehende Strukturen eingebunden (Größenordnung atomarer Bindungsenergien).	/21/
10 .. 1000	energetische, thermische und Verdichtungsspitzen (hot spots)	lokaler Impulseintrag ($\Delta T \approx 4000\text{-}8000°K$, $\Delta t \approx 10^{-10}\text{-}10^{-12}s$	/22/
15 .. 50000	Verschieben und Ersetzen von Gitteratomen, Gitterverspannung	Gitterverspannung (Druckspannungen), Mischen von Atomen (Pseudodiffusionsschichten)	/23/
20 .. 1000	erhöhte Haftung im Strukturverbund (increased sticking)	oberflächennahes Eindringen (2 .. 25 Atomlagen), Durchmischen der Oberflächenatome	/21/
50 .. 20000	Abstäuben (sputtering)	mechanisch durch Stoß, aber auch thermisch-, elektronisch- und Photonen-induziert.	/23/
2 .. 200keV	Implantation	tiefes Eindringen in den Festkörperverband (bis µm)	
~ 10-20keV	Strukturwechsel	kristallographische Umwandlungsvorgänge mono- / polykristallin / amorph, Defektschäden bei Halbleitern	/23/
	Dissoziation	Fragmentierung von Molekülen	
	Sekundärelektronenemission (Auger-Effekt)	Elektronenemission als Folge einer Stoßes durch Ionen / massereiche Neutralteilchen	/121/

Tabelle 1 Wirkung energiereicher Teilchen (Atome, Ionen) auf Festkörperoberflächen

2. 2 Grundlagen der Niederdruck-Gasentladungen (Plasmen)

Grundlage der plasmaunterstützten Oberflächentechnik ist der charakteristischer Gaszustand, bei dem neben neutralen Atomen, Molekülen und Radikalen auch Elektronen und Ionen sowie elektromagnetische Strahlung in einem elektromagnetischen Feld existieren.

Unter atmosphärischen Bedingungen erfordert dieser Übergang in den Plasmazustand Bereiche, in denen sehr hohe Energiedichten auftreten, wie z. B. in der Zone eines Laserfokuses (hoher Leistung), in Verdichtungszonen von Stoßwellen oder in Bogenentladungen. Bei dieser Form der Energiezufuhr wird das Gas lokal gleichmäßig sehr stark erwärmt, wobei sich die eingekoppelte Energie durch eine hohe Stoßhäufigkeit thermodynamisch gleichmäßig über das Plasmagas verteilt. In diesen Systemen wird eine große Anzahl Gasatome ionisiert. Diesen Zusammenhang stellt das Bild 6 dar. Aufgetragen sind die Temperaturen der Elektronen T_e, Ionen T_i sowie des Neutralgases T_g über dem Gasdruck p. Dieser physikalische Effekt ist von der Gasart (Ionisationsfähigkeit) und Stromdichte abhängig /24, 25/.

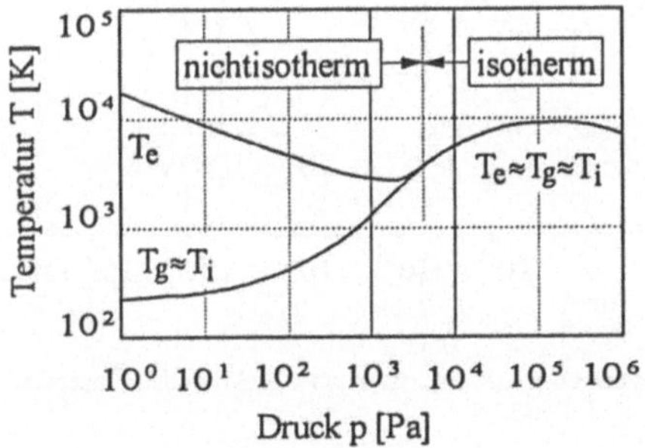

Bild 6 Isotherme und nichtisotherme Plasmabereiche als Funktion des Druckes /26/

Reduziert man dagegen den Gasdruck, läßt sich der Plasmazustand bei einer geringeren Energiedichte erzeugen. Dabei wird die Stoßhäufigkeit zwischen Teilchen vermindert und damit der prinzipielle Wirkmechanismus für den Austausch von Energie eingeschränkt. Durch diese Maßnahme wird den Elektronen gezielt Energie zugeführt, ohne daß es zu einem thermodynamischen Gleichgewicht des Gesamtsystems kommt. So sind Plasmen, die durch elektrischen Stromfluß (charakteristische Stromdichte i_{Gl} < ca. 0,5 A) im Niederdruckbereich (p < ca. 1,3 kPa) erzeugt werden, nichtisotherme Plasmen /24, 26, 27/. Sie zeichnen sich durch eine ungleichmäßige Energieverteilung auf die Teilchengruppen aus (Elektronen / Atome und Moleküle).

Für eine weitere Unterteilung elektrisch erzeugter Plasmen (elektrische Gasentladungen) und ihrer technischen Einteilung muß man die vollständige Strom-Spannungscharakteristik untersuchen. In Bild 7 ist der prinzipielle Verlauf einer solchen (statischen) Entladungscharakteristik dargestellt. Die grundsätzliche Unterscheidung erfolgt als Funktion der Stromdichte.

Es lassen sich drei typische Entladungsarten vorfinden, die durch Übergangsformen miteinander verbunden sind. Als Funktion eines steigenden Stromflusses erscheinen zunächst die Dunkelentladungen (10^{-20}A $\leq$ I $\leq$ 10^{-7}-10^{-5}A), dann Glimmentladungen (10^{-5}-10^{-4}A $\leq$ I $\leq$ $5*10^{-1}$A) und zuletzt Bogenenladungen (I > $5*10^{-1}$ A).

Alle drei Bereiche werden technisch genutzt; die vorliegende Arbeit beschränkt sich auf den Bereich der Niederdruck-Glimmentladungen. Diese Form der Gasentladung bildet die Grundlage für die Oberflächentechnik plasmaaktivierter Gasphasen.

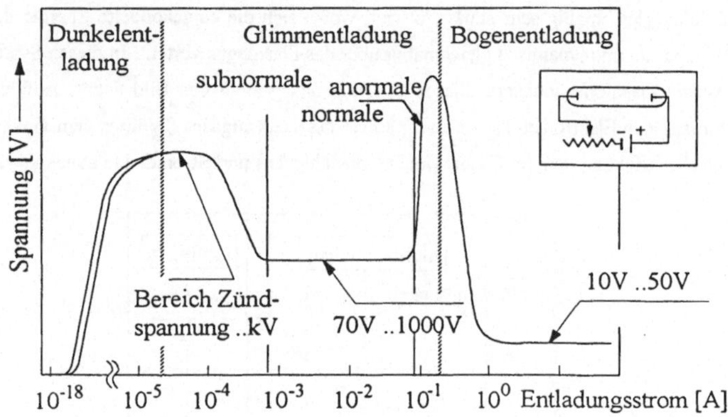

Bild 7 Strom-Spannungscharakteristik einer elektrischen Gasentladung /15, 27, 28/

Die Entstehung eines Plasmas (nichtisotherme Niederdruckentladung für I $\leq$ ca. 1A) erfolgt, wenn man an ein Elektrodenpaar in einem Gasvolumen bei reduziertem Druck eine (niedrige) Spannung anlegt. Die wenigen freien Ladungsträger (n_e~$5*10^{-5}$ /cm^3), die in diesem Volumen existieren, werden bewegt, und ein geringer Strom beginnt zu fließen. Dieser Bereich ist als unselbständige Dunkelentladung durch die Anwesenheit äußerer Mechanismen zur Ladungsträgererzeugung gekennzeichnet.

Die unselbständige Entladung bleibt über eine Stromdichte von ~10^{-18}A bis ~10^{-5}A im Bereich mehrerer Zehnerpotenzen erhalten, auch wenn bei steigender Spannung die Anzahl und Energie der freier Elektronen (Ladungsträger) in diesem Gasvolumen erhöht wird. Erst ab einer Spannung, die durch den Elektrodenabstand, den Gasdruck und die Gasart bestimmt wird (Townsend-Ionisierungskoeffizient α_{To} und Multiplikationsfaktor der Vervielfältigung γ_{To}), erhöhen sich die freien Ladungsträger lawinenartig. Der damit zusammenhängende Strom erhöht sich sehr stark und wird dann nur durch den Innenwiderstand der Spannungsquelle begrenzt.

Dieser charakteristische Stromdurchbruch, der die selbständigen Entladungen markiert, bildet auch den Übergang zu der Glimmentladungen.

Die physikalischen Grundlagen dieser Phänomene wurden schon um 1890 von F. Paschen dargestellt /27, 15/. Paschen-Kurven beschreiben ein Minimum der Zündspannung in Abhängigkeit des gasartabhängigen Produkts aus Druck und Elektrodenabstand. Die Erklärung der physikalischen Vorgänge basiert auf dem Zusammenhang der energieabhängigen Wirkungsquerschnitte für Ionisation σ_{ion}, der Energieverteilungsfunktion der freien Elektronen f E(ε) (vgl. Kap. 2. 4 S. 33) und der Stoßfrequenz zwischen Teilchen. Bei höheren Drücken haben die Elektronen, die für die Energieübertragung verantwortlich sind, eine zu hohe Stoßfrequenz, um auf ihrer ungestörten Bahn (mittlere freie Weglänge) genügend Energie aus dem elektrischen Feld aufnehmen zu können. Reduziert man den Druck, verbessert sich dieses Verhältnis, so daß die benötigte Spannung bis zu einem Minimum absinkt; die Elektronen können eine maximale Energie zwischen Stößen mit anderen Teilchen aufnehmen und diese effektiv abgeben; dies ist mit der gleichzeitige Erhöhung der energieabhängigen Wirkungsquerschnitte verbunden.
Bei einer weiteren Abnahme der Teilchendichte treffen die Elektronen trotz eines wachsenden Wirkungsquerschnitts nicht mehr genügend Teilchen, die benötigte Energie steigt überproportional an (über die angelegte Spannung). Die Kurven bilden dann ein charakteristisches Minimum aus, das z. B. für Luft (N_2/O_2) ~550V bei ~ $9*10^{-1}$ Pa m und für H_2 ~450V bei ~ $2{,}5*10^{0}$ Pa m beträgt /26/.

Diese eingesetzten Plasmen weisen neben ihren Interaktionseigenschaften zu Festkörpern charakteristische Leuchterscheinungen auf (vgl. Tabelle 1 und Bild 8), die zu ihrer Namensgebung geführt haben. Diese unterschiedlich intensiv leuchtenden Plasmazonen hängen direkt mit den spezifischen plasmaphysikalischen Vorgängen zusammen, die diese Entladungsform bilden.

Im Fall einer normalen Glimmentladung stellt sich über einen weiten Strombereich ein niedriges Spannungsplateau ein, das durch eine charakteristische Stromdichte I_{Gl} an der Kathode begrenzt wird. Der Wert dieser Größe hängt als spezifische Funktion mit dem Kathodenmaterial (temperaturabhängig) und von der Gasart ab /25, 26/. Als Folge bildet sich ein Bedeckungseffekt der Kathode aus, bei dem sich das Glimmlicht bei vorgegebener Spannung und aufgeprägten Stromdichte I_{pr} auf eine maximale Fläche im Verhältnis I_{pr} / I_{Gl} (für $I_{Gl} \geq I_{pr}$, $I_{Gl} = const.$) erstreckt. Die Stromdichte I_{pr} ist dabei auf die Gesamtfläche der Kathode bezogen.
Die Erklärung dieses physikalischen Vorganges wird durch die Bildung einer radialen Komponente im lokalen elektrischen Feld gegeben, die sich durch die positiven Ionen im Glimmsaumfleck ausbildet. Das Prinzip der Abstoßung gleicher Ladungen (hier: positive Ionen) führt zu einer sich selbststabilisierenden Glimmzone. Diese weist eine maximaler Fläche unter Beibehaltung der charakteristischen Stomdichte auf. Das Feld zentriert sich dabei durch eine radialsymmetrische Potentialdifferenz zwischen dem Zentrum und dem Rand, der gerade nicht mehr durch das Glimmlicht bedeckt wird /25/.

Kathodenspannung und Stromdichte bleiben bis zur vollständigen Bedeckung der Kathodenfläche konstant. Dieser Grenzfall (unter der Bedingung $I_{pr} / I_{Gl} = 1$ bei I_{Gl} = const.) markiert den Übergang zum Bereich der anormalen Glimmentladung, in dem sich die Stromdichte zusätzlich in Abhängigkeit zur Spannung ändert /25/. Mit der Steigerung des Stromdichte als Funktion der angelegten Spannung wird gleichzeitig auch die Energie der bewegten Ladungsträger erhöht, die ihre Energie an die Oberfläche abgeben und diese dadurch stark erhitzt. Dieser Vorgang ist durch eine maximale Stromdichte begrenzt, bei der die Glimmentladung in den energetisch günstigeren Zustand des Bogens (Bogenentladungen) umkippt. Dieser Zustand ist durch hohe Entladungsströme bei niedrigen Brennspannungen gekennzeichnet. Die hohen Energiedichten im Inneren eines Bogens verändern die innere Plasmacharakteristik vollständig; das System wird isotherm (vgl. Bild 6).

Die anormale Glimmentladung bildet die Basis der OPAG, da einerseits die Kathodenflächen (zu behandelnde Werkstücke) vollständig vom Glimmsaum bedeckt sind, andererseits die Stromdichte und damit indirekt die Energie der Ionen und Elektronen als Funktion der angelegten Spannung an den Prozeß angepaßt werden können.

In folgenden Bild 8 ist eine vollständig ausgebildete Glimmentladung dargestellt. Der Faradaysche Dunkelraum und die positive Säule bilden sich nur unter bestimmten geometrischen Bedingungen aus.

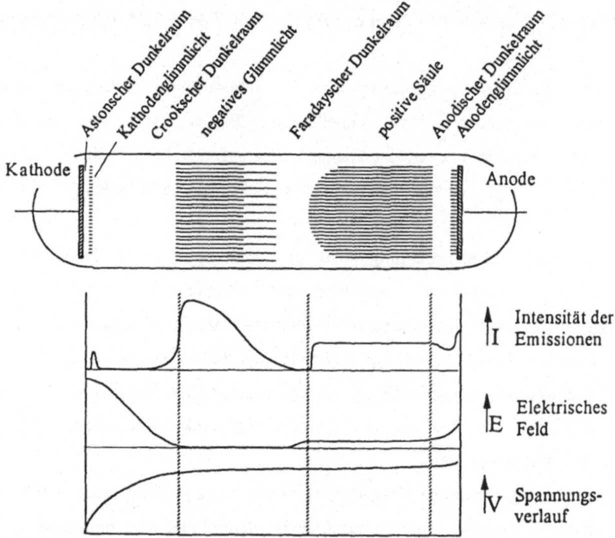

Bild 8 Typische Zonen einer vollständig ausgebildeten Glimmentladung. Dargestellt ist der prinzipielle Verlauf der Emissionsintensität, des elektrischen Feldes und der Spannung /27/, nach Chapman /15/.

2. 3 Druck, eine verfahrensbestimmende äußere Plasmagröße

Die Ausbildung und die Charakteristik einer Niederdruck-Glimmentladung als Plasmawerkzeug ist unter anderem von der Anzahl der Teilchen und ihrer Energieverteilung abhängig. Die inneren Zusammenhänge eines Plasmas werden daher durch den Druck beeinflußt, da einige plasmaphysikalische Mechanismen, und damit deren technologischer Nutzen von der Teilchendichte abhängen. Die Beschreibung eines solchen Systems kann mit Hilfe der kinetischen Gastheorie erfolgen.

Bei der Beschreibung eines verdünnten Gases kann man von folgenden Annahmen ausgehen: Eine große Anzahl Moleküle bewegt sich völlig regellos in einem betrachten Volumen, wobei ihre Ausdehnung klein gegenüber über ihrer mittleren Abstand ist. Die Teilchen üben keine Wechselwirkung aufeinander aus und ihre Stöße untereinander und gegen die Begrenzungen sind vollständig elastisch /29, 30/. Ein solches System kann dann als ideales Gas betrachtet und mit Hilfe von thermodynamischen Zustandsgleichungen idealer Gase behandelt werden. So läßt sich der makroskopische Begriff des Druckes p als Funktion der Teilchenanzahl N, des Volumens V, der Temperatur T sowie der Boltzmann-Konstante k beschreiben (Gleichung **1**).

$$p = \frac{N\,k\,T}{V} \qquad (1)$$

Über die Energiebetrachtung an Teilchen in einem lokalen thermodynamischen Gleichgewicht (ThG) läßt sich die charakteristische Geschwindigkeitsverteilungsfunktion (GVF) ableiten (vgl. Kap. **2. 4** S. 31 Maxwell-Boltzmann Verteilung). Sie beschreibt die Relation zwischen der Temperatur und der Geschwindigkeit eines Teilchens $\overline{v}$ (der mittleren linearen Geschwindigkeit). Aus dieser Größe folgt über die Energieäquivalenz $E = mv^2/2 = kT = eU$ die Gleichung **2**. Plasmen sind im Unterschied zu Systemen im ThG Gaszustände, in denen verschiedene Teilchengruppen spezifische GVF aufweisen. Dieser Zusammenhang muß in der Praxis zumindest für die extrem leichten Elektronen und schweren Teilchen (Atome, Moleküle) unterschieden werden.

$$\overline{v} = \sqrt{\frac{2\,kT}{m_0}} \qquad (2)$$

Durch die Bewegung und die endliche Ausdehnung der Teilchen, kommt es stetig zu Stößen. Diese Stöße sind für viele makro- und mikroskopische Phänomene verantwortlich, z. B. für den Wärmetransport und die Ionisation (vgl. Kap. **2. 4** S. 31). Bei der Berech-nung der Stoßfrequenz ν^* werden zunächst die energieabhängigen Wirkungsquerschnitte $\sigma = fE(\varepsilon)$ (vgl. Bild **40**) mit der Geschwindigkeit $\overline{v}$ und der Teilchendichte n verknüpft (Gleichung **3**).

$$\nu^* = \sqrt{2}\,\pi\,\sigma^2 n\,\overline{v} \qquad (3)$$

Die charakteristische Größe der mittleren freien Weglänge λ_{fW} ergibt sich durch die Umformung der Gleichung **4** mit der Geschwindigkeits-Weg-Beziehung $\lambda_{fW} \propto \overline{v}dt / v^* dt$. Mit der Zeit τ zwischen 2 Stößen folgt $\tau = 1/v^* = \lambda_{fW} / \overline{v}$. Das Ergebnis führt zu der folgenden Gleichung (Gl **4**):

$$\lambda_{fW} = \frac{1}{\sqrt{2}\ \sigma^2\ n} \text{ mit } n = V/N = kT/p \qquad (4)$$

Für eine Abschätzung genügt es zunächst, die Atome oder Moleküle als starre Kugeln zu betrachten. Die zugehörigen atomspezifischen Radien (vgl. Tabelle **2**) ergeben sich ca. zu $r_A \sim 1{,}5 * 10^{-10}$ m. Bei Ionen muß man dageben die energieabhängigen spezifischen Wirkungsquerschnitte für Stöße (Ion-Atom, Ion-Ion, Ion Elektron) betrachten

Element	Fe	H	He	H_2	Ar	N_2	O_2
Radius	1,26	0,3	1,33	1,17	1,47	1,58	1,46

Tabelle **2** Atom und Molekülradien in 10^{-10}m /24/

Den praktisch wichtigen Zusammenhang der Abhängigkeit der mittleren freien Weglänge von Druck und Temperatur wird in Bild **9** dargestellt. Typische Werte einer plasmaunterstützten Oberflächenbehandlung sind z. B.:

Nitrieren: T = 450°C - 550°C, p = 180 - 280Pa, $\lambda_{fW} \sim 0{,}003$cm, Reinigen: T = 150°C - 250°C, p <10Pa, $\lambda_{fW} \sim 1\text{-}0{,}1$ cm, Beschichten: T = 150°C - 450°C, p = 30 - 150Pa, $\lambda_{fW} \sim 0{,}005\text{-}0{,}05$ cm.

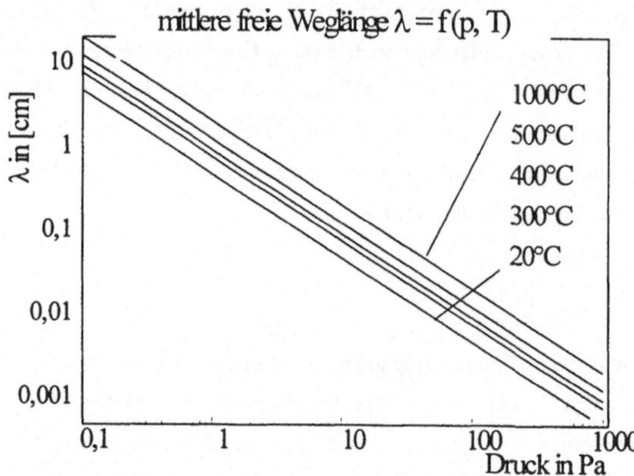

Bild **9** Funktion der mittleren freien Weglänge λ_{fW} in Abhängigkeit von Druck und Temperatur (Gas: Stickstoff)

Diese Länge hat unmittelbar Einfluß auf das Stömungsverhalten des Gases in einem betrachteten System, da sich durch sie das Maß der Wechselwirkung der Gasteilchen untereinander und ihren

Begrenzungen einstellt. Dieser Sachverhalt wird durch die dimensionslose Kennzahl Kn (Knudsenzahl) beschrieben, die sich aus dem Verhältnis der mittlere freien Weglänge und einer charakteristischen Länge im System (z. B. dem Reaktordurchmesser L* oder Chargierungsabstand) ergibt. In Tabelle 3 sind Daten der zugehörigen strömungstechnischen Bereiche zusammengestellt.

	Atmosphäre	Feinvakuum	Hochvakuum	Ultrahochvakuum
Strömungsform	Kontinuum viskos	Gleitströmung viskos	Übergangsström. Knudsen	freie Molekülbew. molekular
Knudsenzahl	Kn < 0,01	0,01 < Kn < 0,1	0,1 < Kn < 10	10 < Kn
Druckbereich	10^5Pa -500Pa	500Pa - 0,1Pa	0,1Pa - 0,01Pa	<0,001Pa
freie Weglänge λ_{fW}	µm	mm	cm	dm-m

Tabelle **3** Darstellung strömungstechnischer Zusammenhänge /15, 29/

Die technische Anwendung der OPAG geschieht vorzugsweise in einem Druckbereich von ~ 0,5 - 500Pa. Dieser Vakuumbereich wird dem Feinvakuum zugerechnet. Die Vakuumerzeugung sowie die apparativen Aufbauten erfordern keine besonderen Anforderungen. Dies ist einer der großen Vorteile, die für eine breite industrielle Nutzung dieser Technologie sprechen.

2.4 Grundzüge der homogenen Plasma-Volumenreaktionen

Die Erzeugung von Niederdruck Gasentladungen geschieht im wesentlichen durch Elektronen-Stoßionisation. In derartigen Gassystemen (Plasmen) ist die Energie thermodynamisch ungleichmäßig auf die vorhandenen Gaskomponenten verteilt. /18, 26, 27, 31/.

Der Großteil solcher Gasvolumen besteht aus einem gleichmäßigen Gemisch aus zum Teil angeregten Molekülen oder Atomen und energiereichen Ionen und Elektronen. In diesem Bereich tragen homogene Volumenreaktionen zur Aufrechterhaltung des Plasmazustandes bei. Dies gilt aber nur für die Bereiche, die einen ausreichenden Abstand zu Begrenzungen (Elektroden) aufweisen, da in den Randzonen starke Einflüsse auf elektrisch geladenen Teilchen wirken.

Die plasmaphysikalischen Zusammenhänge, die zu einem solchen Systemzustand führen, werden durch einige Randbedingungen bestimmt, die im folgenden dargestellt werden.

So ist ein notwendiges Kriterium im Gaszustand die makroskopische (kollektive) Neutralität zwischen positiven n^+_i und negativen Ladungsträgern n^-_e (einschließlich negativer Ionen), die sich in der folgenden Gleichung (Gl. **5**) darstellt /15, 16, 26/:

$$n_e = \sum_i j\, n_i^{\,j} \qquad \text{mit } j = 1,2,3..\ \text{Ionisationsgrad eines Teilchens} \qquad (5)$$

Dieses Kriterium basiert auf zwei weiteren zwingenden Forderungen, die mit den Bedingungen Gleichung 5 und **6** beschrieben werden. Ein Plasmazustand ist gegeben, wenn die Anzahl der freien Elektronen in einem Kugelvolumen V_{Pl} der charakteristischen Länge λ_D (Debye-Hückel-Länge) ausreichend groß ist und damit eine kollektive Wechselwirkung (hinsichtlich elektrischer Coulomb-Kräfte) gegeben ist. Diese Bedingung wird durch die Gleichung **6** ausgedrückt:

$$n_e \lambda_D^3 \gg 1 \qquad \text{mit } \lambda_D = r_{Pl} \;\Rightarrow\; V_{Pl} = 4/3\, \pi\, r_{Pl}^{\,3} \qquad (6)$$

Für den praktischen Bezug bedeutet dies, daß ein Gas in den Plasmazustand übergeht, wenn es kollektiv in einem elektromagnetischen Feld beeinflußt wird. Zusätzlich muß dabei noch ein Volumenkriterium erfüllt werden, das eine ausreichende Ausdehnung des betrachteten Systems fordert:

$$L^{\bullet} \gg \lambda_D \qquad \text{mit } L^{\bullet} = \text{charakteristische Länge z. B. Reaktordurchmesser} \qquad (7)$$

Teilchenenergien und Elektronentemperatur

Im Gegensatz zu verdünnten Gasen im ThG werden Eigenschaften und Energie eines Plasmas maßgeblich durch die vorhandenen freien Elektronen beeinflußt. Diese Teilchengruppe zeichnet sich gegenüber anderen Gasbestandteilen (Atomen, Molekülen) durch ein günstiges Masse- / Ladungsverhältnis aus ($m_e = 9{,}1 * 10^{-31}$kg). Sie vermögen im Gegensatz zu Ionen (z. B. $m_{Ar^+} = 39{,}9 * 10^{-27}$kg), während ihrer ungestörten Flugdauer (Funktion der mittleren freien Weglänge λ_{fW}) durch

Beschleunigung effektiv kinetische Energie im elektrischen Feld aufzunehmen. Diese charakteristische Eigenschaft bildet die Basis für einen gezielten Energieeintrag in Niederdruck-Gasentladungen.

In der Folge entsteht ein thermodynamisches Ungleichgewicht der einzelnen Gaskomponenten, da die Elektronen und die durch Stöße entstehenden Ionen unabhängige ThG-Systeme auf hohem Energieniveau ausbilden. Im Gegensatz dazu ändert sich das ThG der neutralen Gasteilchen nicht. Naturgemäß weist das ThG der Elektronen eine typische Geschwindigkeitsverteilungsfunktion (GVF) auf. Um sie in ihrer Wirkung gegenüber anderen Teilchen zu charakterisieren, wird ihre kinetische Energie über die Energieäquivalenz mit Hilfe der Maxwellschen-GVF dargestellt. Die Annahme ist für eine erste Näherung zulässig. In dieser Darstellung ordnet man den zugehörigen EVF eine Temperatur zu.

Im folgenden Bild **10** ist die charakteristische GVF (Maxwell-Boltzmann) für Elektronen dargestellt. Die Verteilungsfunktion wird dabei durch die Beziehung (Gleichung **8**) beschrieben. Die Umwandlung der GVF f(v) zu einer Energieverteilungsfunktion EVF f(E) (vgl. Bild **11**) wird über die entsprechenden Relationen durchgeführt.

$$\frac{dN}{N} = 4\pi v^2 \left(\frac{m_e}{2\pi kT}\right)^{3/2} e^{-\frac{mv^2}{2kT}} dv \tag{8}$$

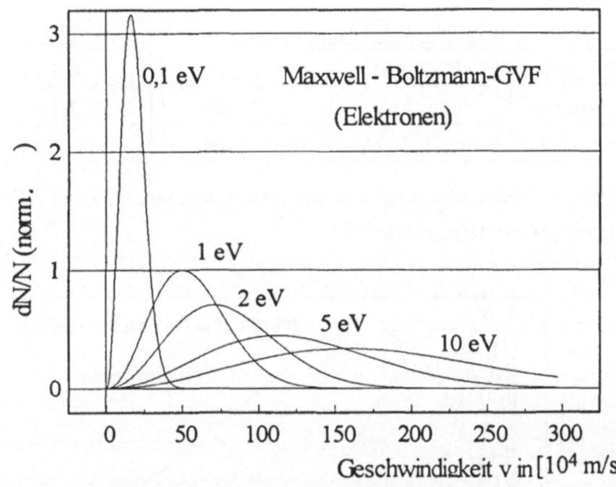

Bild **10** Maxwell-Boltzmann-GVF f(v) /26, 29, 30/ Umrechnung 1eV ≈ $1{,}1 \cdot 10^4$ K.

Die Reaktivität eines Plasmas wird sehr stark von der EVF der Elektronen beeinflußt. Während im Plasmavolumen ein einheitliches ThG der Elektronen herrscht, findet man im Übergangsbereich der Kathodenregion (Bereich der Interaktionszone) unterschiedlich energiereicher Elektronen vor: eine Folge der Plasma-Festkörperinteraktion /10, 15/.

– *Thermische Elektronen* geringer Energie: Hauptgruppe durch Stöße abgebremsten Elektronen.

- *Sekundäre Elektronen* mittlerer Energie: Elektronengruppe, durch Stöße verlangsamter und abgebremster primären Elektronen und/oder aus Ionisationsprozessen.
- *Primäre Elektronen* hoher Energie: Teilchengruppe der aus der Festkörperoberfläche emittierten Sekundärelektronen und/oder Elektronen, die eine maximale Beschleunigung im Kathodenfall (wenige Stöße) erfahren haben.

In Tabelle 4 sind für zwei technische Plasmen repräsentative Werte zusammengetragen. Die Elektronengruppen unterscheiden sich in der Anzahl und in ihrem Energieniveau, führen aber zu der hohen Reaktivität in der Plasma-Interaktionszone. Die praktische Bedeutung wird durch die Mechanismen unterstrichen, die zur Bildung reaktiver oder ionisierter Gasbestandteile, sowie der Festkörpereffekte führen (hier Abstäuben, Reinigen). Die Hauptgruppe der Elektronen besitzt ein deutlich niedrigeres Energieniveau, als zu einer direkten Ionisierung eines Atoms oder Moleküls benötigt wird. Die Anregung und Ionisation erfolgt dann über mehrere Stöße in Stufen. Im Gegensatz dazu kann die Gruppe der energiereichen Elektronen diese Ionisationvorgänge unmittelbar induzieren. Das bedeutet, daß sich durch die Wechselwirkung dieser Elektronen lokal ein hohes Reaktionspotential ausbildet.

	Sputtern 10Pa, Ar /15/		DC-Plasma, 130 Pa,... He /24/	
Thermische Elektronen	T_e: 0,6 eV	n_e: $6*10^{11}$	T_e: 0,6 eV	n_e: $4*10^{9}$
Sekundäre Elektronen	T_e: 7 eV	n_e: $2*10^{9}$	T_e: 7,3 eV	n_e: $5*10^{7}$
Primäre Elektronen	T_e: 1000 eV	n_e: $4*10^{6}$	T_e: 250 eV	n_e: $5*10^{6}$

Tabelle 4 Typische Elektronenenergien in der Interaktionszone (Plasma / Festkörperoberfläche) bei plasmaunterstützten Prozessen

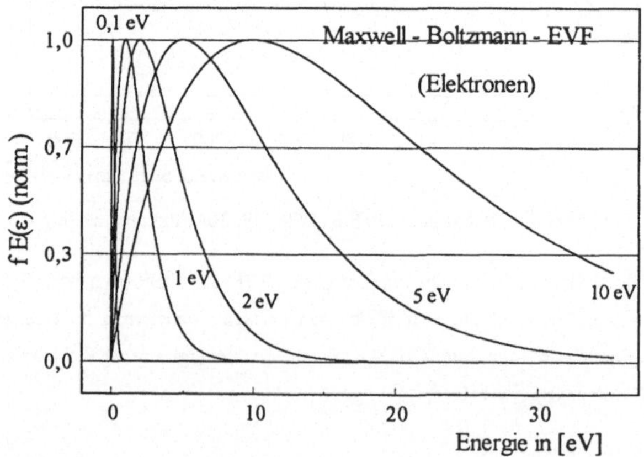

Bild 11 Energieverteilungsfunktionen von Elektronen; normiert auf den Maximalwert; aufgetragen als Funktion über der zugehörigen Energie in eV /26, 29/

Bei einer technisch eingesetzten Glimmentladung ist man besonders an den realen Geschwindigkeits- oder Energieverteilungsfunktionen der Elektronen interessiert, da diese letztlich alle Anregungs- und Ionisierungsphänomene und damit die Eigenschaften des Plasmas bestimmen. Dies schließt die Kenntnis der Form der Elektronen-EVF ein, da durch sie die Reaktivität direkt beeinflußt wird.

Wirkung von Elektronen-Stoßprozessen in einer Gasentladung

Ein charakteristisches Merkmal von Gasen ist die freie Bewegung von Einzelteilchen und die Anzahl der Stöße untereinander. Diesen Basisvorgängen sind in Plasmen zusätzlich Effekte durch elastische und inelastische Stöße mit freien, energiereichen Elektronen überlagert.
Die Wirkung elastischer Stöße zwischen diesen Teilchen, bei der nur ein Impulsaustausch stattfindet, ist für eine Thermalisierung der Elektronenenergie verantwortlich /32, 15/. Damit soll der Sachverhalt ausgedrückt werden, daß Elektronen durch diese Ablenkungen ihre Bahnrichtung verändern, bis sie inelastisch auf ein anderes Teilchen auftreffen. Da für die Energiebilanz auf ihrer Flugbahn nur die zurückgelegte Distanz in Normalrichtung des Feldes wirksam wird, so können sie nur einen Anteil an der maximal vefügbaren Energie aufgenommen haben. Ihre charakteristische GVF wird dadurch auf niedrigere Energie reduziert. Inelastische Stöße zwischen Elektronen und den restlichen Gasteilchen führen zu einer Vielzahl für die nachfolgenden Oberflächenprozesse wichtigen Effekte. Dies ist auf die unmittelbare Wechselwirkung der freien Elektronen mit der Elektronenhülle der Atome oder Moleküle zurückzuführen. Bei diesen Stößen werden quantifizierte Energiebeträge ausgetauscht. Dies bedeutet, daß die Atome oder Moleküle Energiebeträge aufnehmen, die es ermöglichen, Elektronen auf höhere Energieniveaus zu heben, Elektronen freizusetzen, oder Moleküle zu dissoziieren.
Die wichtigsten Vorgänge in einem Plasma sind Ionisation, Dissoziation, Molekülbildung, Rekombination, Anregung und Relaxation. Diese Vorgänge sind schematisch in Bild **12** dargestellt.

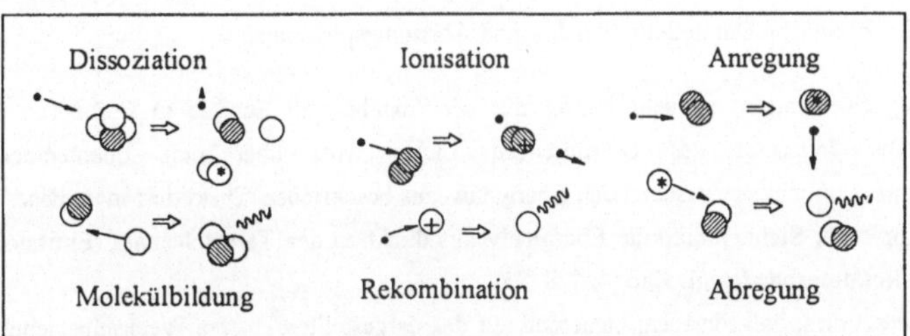

Bild **12** Wirkung von Elektronen-Strößen und ihre Umkehrprozesse in Plasmen

Es gibt eine Vielzahl unterschiedlicher Ionisierungsvorgänge /15, 26, 30/. Exemplarisch werden zwei einfache, prinzipielle Vorgänge, die Elektronenstoß- und die Photoionisierung, dargestellt. Ein neutrales Teilchen A gibt bei einem ausreichend hohen Energieeintrag durch ein Elektron oder Photon hν ein Elektron ab (vgl. folgende Reaktionsgleichung).

$A + e \rightarrow A^+ + e + e$ Elektronen-Stoßionisation

$A + h\nu \rightarrow A^+ + e$ Photoionisation

Bei der Anregung eines Atoms oder Moleküls werden die Valenzelektronen in höhere Energieniveaus $E_i \rightarrow E_j$ angehoben. Dieser Vorgang geschieht über diskrete Energiebeträge $\Delta E = E_j - E_i$, die sich als Differenz aus den zugehörigen diskreten Energieniveaus ergeben. Übersteigt der zugeführte Energiebetrag einen spezifischen Grenzwert (Ionisierungsniveau), so werden ein oder mehrere Elektronen freigesetzt. Für einige Elemente sind die dazu notwendigen Energien im Anhang IV, Tabelle **14** zusammengestellt. Dieser Ionisationsvorgang kann sowohl in einer als auch in mehreren Stufen erfolgen (vgl. Bild **13**). Für ein Teilchen ist ein Anregungsniveau prinzipiell ein zeitlich befristeter Zustand, der nach einer charakteristischen Lebensdauer (~ ns - ms) unter Abgabe eines Photons wiederum der charakteristischen Energie $\Delta E = E_j - E_i = h\nu_{ji}$ in ein niedrigeres Niveau oder in den Grundzustand zurückfällt. Quantenmechanische Auswahlregeln bestimmen dabei diese Übergänge; einige energetisch möglichen Übergänge sind quantenmechanisch verboten. Die Lebensdauer dieser "metastabilen" Zustände ist dadurch sehr viel höher, so daß sie sich für eine Stufenionisierung besonders eignen.

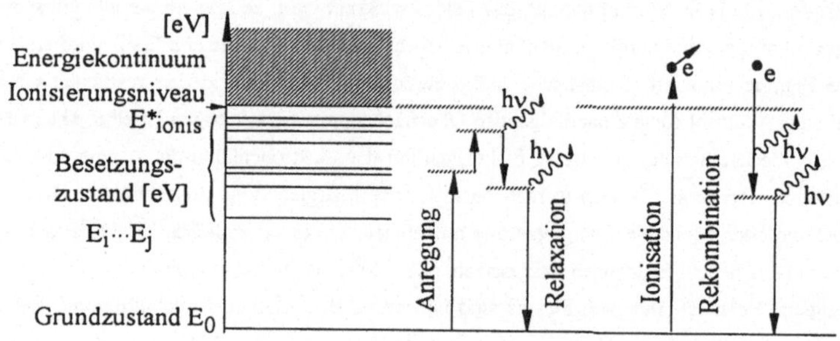

Bild **13** Schematische Darstellung von An- und Abregungsphänomenen

Eine Abregung (Relaxation) ist sehr häufig mit der Abgabe von Energie in Form von Photonen verbunden. Die Intensität des emittierenden Lichts wird über eine quantenmechanische Übergangswahrscheinlichkeit zwischen den Energieniveaus beschrieben. Diskutiert man diese Thematik aus spektroskopischer Sicht, führen die Energieniveaus direkt zu den Termschemata (Emissionen einer Schwingungs-Rotationsbande vgl. Kap. **4. 7** S. 85).

Praktisch bedeutet dies, daß Plasmen, basierend auf den dargestellten inneren Wechselbeziehungen, mit Hilfe der optischen in situ-Plasmadiagnostik (hier: passive Emissionspektroskopie) bereits weitgehend analysiert werden können.

2. 5 Inhomogene Plasma-Festkörperinteraktion: Leuchtsaum und Kathodenfall

Als phänomenologische Begleiter plasmaunterstützter Oberflächenbehandlung treten um die als Kathode geschalteten Bauteile intensive Leuchterscheinungen auf, die als Plasmasaum (PS) (plasma layer, Leucht- oder Glimmsaum) bezeichnet werden. Dieser Bereich bildet sich als Interaktionszone der Länge ΔL_C zwischen dem ungestörten Plasmavolumen und der Festkörperoberfläche aus; charakteristische Transportvorgänge (Wärme, Stoff) sowie Ausgleichs- und Übergangszonen des Plasmarandes prägen diesen Bereich /10, 33, 34/.
Die Emissionen in diesem Bereich entstehen durch Stoßprozesse als Folge spezifischer Transportvorgänge von Teilchen in dieser Zone (elektrisches Feld). Da diese Phänomene kollektive Vorgänge auf Basis von Verteilungsfunktionen (vgl. Kap. 2. 4 S. 32) darstellen und sich verschiedene Mechanismen überlagern können, sind sie nicht immer eindeutig zu unterscheiden. Dennoch stellen sie, als sichtbare Folge der Wechselwirkung bei der Energieaufnahme durch Beschleunigung und Abgabe mittels Stößen, einen wichtigen Informationsträger des Prozeßzustandes dar.
Das Besondere am Aufbau und der Charakteristik dieses Leuchtsaumes ist, daß er sich in sehr ähnlicher Form bei allen plasmaunterstützten Verfahren ausbildet (Plasmakonditionen wie Druck oder Plasmatyp: DC, Puls-DC, RF, Mikrowelle, ECR) /10, 15/. Zustandsinformationen, die aus diesem Bereich der Glimmentladung stammen, unterliegen ähnlichen Basisphänomenen. Eine vollständige Übertragung ist nicht möglich, da zusätzliche, z. T. frequenzabhängige Phänomene auftreten (z. B. Ionisierungsgrad).

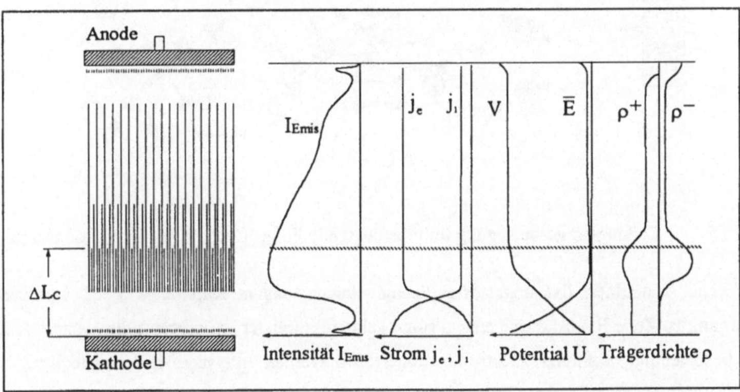

Bild 14 Zuordnung des Plasmasaumes in der Interaktionszone der Plasma-Festkörperoberfläche z.B. Plasmanitrieren

In Bild 14 ist der Plasmasaum prinzipiell dargestellt. Nach Avni /10/, Chapman /15/ und anderen /19, 34/ kann man den PS als Teil einer nicht vollständig ausgebildeten Glimmentladung auffassen, bei der die positive Säule auf den Anodenfallraum und das Glimmlicht reduziert ist. Diesem System sind Sekundärprozesse überlagert, die sich aus den für die OPAG relevanten Phänomenen ergeben.

Daneben ist die Emissionsintensität I_{Emis}, der Verlauf des Plasmapotentials U, das elektrische Feld $\overline{E}$ die Teilströme j_e, j_i sowie die Ladungsträgerdichte ρ^+, ρ^- dargestellt. Die Längen sind nicht maßstabgerecht, da die Ausbildung des Leuchtsaumes in starkem Maße von Randbedingungen wie z. B. Druck oder Gasart abhängt /15, 10/.

Für eine Erklärung der Vorgänge in der Interaktionszone bietet sich die Betrachtung der Bewegungsphänomene der Ladungsträger an. Resultierende Effekte können hieraus abgeleitet werden. Diesen Vorgängen kann man lokal begrenzte Zonen **(A-E)** über der Oberfläche zuordnen, in denen charakteristische Veränderungen oder Phänomene auftreten. Eine Übersicht wird in Bild **15** gegeben.

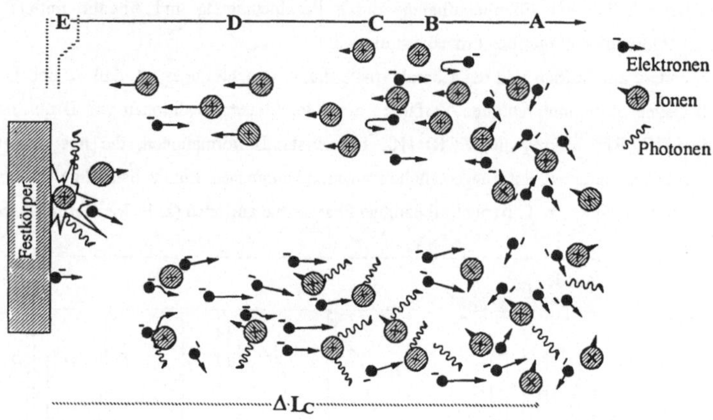

Bild 15 Ladungsträgerbewegung und resultierende Folgeeffekte in der Interaktionszone

Die Zone **A** markiert das ungestörte Plasmavolumen, das in Kap. **2. 4** S. 31 beschrieben wird. Der Übergang zu Zone **B** wird durch eine geringe Feldstrukturänderung geprägt, die positive Ionen zur Kathode hin beschleunigt, während Elektronen abgestoßen werden (physikalische Konsequenz des Bohmschen Kriteriums, pre-sheath) /15/. Die Wirkung dieses Potentialwechsels auf die Elektronen stellt sich sehr effektiv dar, der Bereich **B** ist durch eine stetige Abnahme der negativen Ladungsträgerdichte gekennzeichnet. Zusätzlich wirkt sich immer stärker der Ionenanteil aus, der eine positive Raumladung aufbaut. Punkt **C** markiert den Beginn des Kathodenfallgebietes.

Die Raumladung im Kathodenfall (Zone **D**) läßt sich durch die unterschiedliche Beweglichkeit der Ladungsträger und ihrer daraus resultierenden Verweildauer in diesem Bereich erklären.

Elektronen, die aus der Oberfläche (Kathode) emittiert werden, beschleunigen sehr effektiv aus diesem Bereich heraus. Im Gegensatz dazu erreichen positive Ionen bei ihrer Drift zur Oberfläche, bedingt durch ihr ungünstigeres Masse/Ladungsverhältnis, geringere Geschwindigkeiten ($v_e \gg v_i$). Sie bewegen sich sehr viel langsamer durch den Kathodenfall. Der Spannungsabfall U am Rand einer Glimmentladung ist im wesentlichen auf ein Gebiet vor der Elektrode beschränkt, das als Kathodendunkelraum bezeichnet wird. In diesem Bereich treten kaum Stöße auf, die zu Emissionen führen.

Treffen energiereiche, schwere Teilchen auf eine Festkörperoberfläche, so induzieren sie eine Vielzahl möglicher Folgeeffekte auf der Oberfläche (vgl. Tab. 1 S. 23), z. B. in Form von Sekundärelektronenemission (Auger-Effekt) oder Emission von Photonen /35/. Ionen mit niedriger Energie werden dabei mit einer sehr hohen Wahrscheinlichkeit (~95-99%) in einer dünnen Randzone (Zone E) neutralisiert /36/ (vgl. Bild 5). Diese Zone bildet den Abschluß der Entladungssäule /10/.

Elektronen, die bei dieser Wechselwirkung der Oberfläche herausgelöst werden, besitzen zunächst eine zufällige Flugrichtung. Sie beschleunigen jedoch in Richtung des elektrischen Feldes $\overline{E}$ und nehmen dabei Energie auf. Auf ihrer Bahnbewegung stoßen die meisten Elektronen mehrmals (elastisch und/oder inelastisch) mit Teilchen und weisen in Punkt C daher nur eine mittlere Geschwindigkeit auf. Einer Gruppe von Elektronen (Primärelektronen und Sekundärelektronen, die senkrecht zur Oberfläche fliegen) gelingt es, den Kathodenfall mit nur sehr wenigen Stößen zu durchqueren; sie erreichen eine höhere Geschwindigkeit und dadurch eine deutlich höhere Energie .

In der Folge geben die Sekundärelektronen (SE) ihre erworbene Energie über Stöße an Moleküle und Atome ab ($\Delta E = \varepsilon_{SE(z=\Delta L)} - \varepsilon_{SE(z=0)}$ z = Abstandskoordinate von der Oberfläche). Dadurch kommt es in diesem Bereich zu einem deutlichen Anstieg der Ionisierung, Dissoziation, Anregung und weiteren Folgereaktionen (Erhöhung der Ladungsträgerdichte n_e, n_i, I_{Emis}). Bei diesem Vorgang wird bei jedem inelastischen Stoß die durchschnittliche Energie $\delta\varepsilon_{in}$ abgegeben, bis die Elektronen in einem Abstand ΔL_C zur Oberfläche zu thermischen Elektronen mit der charakteristischen Energie T_e werden.

Der Term $f_\sigma(\varepsilon)$ in der Gleichung 9 stellt einen Verteilungsfaktor der Anregungsvorgänge dar, mit λ_{SE} wird die mittlere freie Weglänge der SE's als Parameterbeziehung $kT/p\langle\sigma_{tot}\rangle_{\Delta L}$ beschrieben /19/.

$$\Delta L_C = \left(\Delta E / \delta\varepsilon_{in} \, f_\sigma(\varepsilon) \right)^{1/2} \lambda_{SE} = \left(\left[\frac{\varepsilon_{SE} - \overline{\varepsilon}_{SE(z=\Delta L)}}{\delta\varepsilon_{in}} \right] \left\langle \frac{\sigma_{tot}}{\sigma_{ion} + \sigma_{ex}} \right\rangle \right)^{1/2} \frac{k\,T}{p\langle\sigma_{tot}\rangle_{\Delta L}} \qquad (9)$$

Mit dieser Gleichung beschreibt man die "effektive" Ausdehnung der Interaktionszone über der Oberfläche eines Werkstückes. Es muß beachtet werden, daß die hier beschriebenen Vorgänge nur einen Teil der vielfältigen Wechselwirkungen darstellen. Die Interaktionen in dieser Randzone sind jedoch phänomenologisch von dem homogenen Plasmavolumen der zu behandelnden Werkstückoberfläche abhängig. Damit ist die Randzone zwar auf komplexe Weise, aber unmittelbar mit dem Prozeßgeschehen verbunden.

Der Ladungsträgerbewegung sind Transportphänomene der Neutralgasteilchen überlagert. Dabei spielen Diffusionsvorgänge der verschiedenen Teilchenspezies und ihre Möglichkeit zur Anlagerung, Kondensation oder Reaktion mit anderen Teilchen eine wichtige Rolle.

2. 6 Reaktionskinetik in Plasmen

Die Reaktionskinetik in Plasmen ist durch die hohe Reaktivität und die Komplexität der Radikalchemie sehr kompliziert. Es besteht daher nur eine sehr begrenzte Theorie der Plasmachemie /36, 37/. Das Hauptproblem bei der Untersuchung plasmaunterstützter Verfahren ist unter dem Gesichtspunkt der Reaktionskinetik der dazu notwendige, hohe apparative Aufwand (z. B. LIF, ASE, CARS, Ramanspektroskopie, hochauflösende Massenspektroskopie), der nur in Forschungsaufbauten realisierbar erscheint. Vertiefte Studien zu diesem Thema wurden bisher vorzugsweise im Bereich der Material- und Grundlagenforschung für Elemente der IV-Hauptgruppe (Si / Ge) durchgeführt /38, 39/.

Die Basisgröße dieser Reaktionen wird durch die Reaktionsrate R_K gegeben, die in der Gleichung **10** beschrieben wird.

$$R_K = n_e [X] K_X \qquad \text{mit} \quad K_X = c \int_0^\infty E^{1/2} f E(\varepsilon)\, \sigma(E)\, dE \qquad (\mathbf{10})$$

Diese Gleichung, stellt den Zusammenhang für die Reaktionsrate R_K als Funktion der Elektronendichte n_e, der Konzentration einer Teilchengruppe [X] im Grundzustand sowie der zugehörigen Reaktionskonstanten K_X dar. Die Reaktionskonstante ist eine komplexe Funktion, in die die EVF der Elektronen $fE(\varepsilon)$ und die energieabhängigen Reaktionswirkungsquerschnitte $\sigma(E)$ eingehen /37, 49, 51/.

Unter der weiteren Berücksichtigung der zeitlichen Phänomene folgt, daß die dominierenden Gleichgewichtsreaktionen neben der relativen Konzentration [X] einer Teilchenspezies auch von der Lebensdauer der angeregten Teilchen abhängen, die umgekehrt wieder durch das Reaktionsschema und damit durch die Plasmaparameter beeinflußt wird. Die Komplexität liegt in der hohen Anzahl reagierender Spezies und der daraus resultierenden simultanen Gleichgewichtsreaktionen.

Die Reaktionsgleichung **10** gilt in gleicher Weise auch für Anregungsvorgänge, die zu Emissionen führen. Es wird daher oft versucht einen funktionalen Zusammenhang zwischen der Emission einer prozeßbestimmenden Teilchenspezies und Schichtparametern herzustellen; z. B. der Depositionsrate /40 - 50/.

3 Technischer Stand plasmaunterstützter Oberflächenprozesse

Im folgenden Hauptkapitel wird der technische Stand zweier Gruppen wichtiger plasmaunterstützter Oberflächenbehandlungen, der Thermo-Diffusion am Beispiel der Nitrierung von Eisenwerkstoffen und der Abscheidung aus der aktivierten Gasphase für harte amorphe Kohlenstoffschichten (a-C:H) dargestellt. Eine optimierte Kombination dieser Prozesse führt zu Schichtverbundsystemen, deren Aufbau und deren Haupteigenschaften aufgezeigt werden. Die Charakterisierung der Schichteigenschaften und der Schichtverbundsysteme schließt diesen Bereich ab.

3. 1 Plasmaunterstützte Thermo-Diffusionsbehandlung (Nitrierung)

Beim plasmaunterstützten Nitrieren (DC, Puls-DC, Mikrowelle) werden die zu behandelnden Werkstücke direkt in einer Glimmentladung oder angrenzenden Bereichen (post discharge) mit reaktiven Gasphasen in Kontakt gebracht, die zu einer Randschichthärtung durch eindiffundierte Elemente (hier: Stickstoff) führen. Für diesen thermischen Prozeß müssen zwei Bedingungen erfüllt werden:

- Erstens müssen die Werkstücke eine Temperatur aufweisen, bei der die eindiffundierenden Elemente eine ausreichend hohe Beweglichkeit in der Festkörpermatrix aufweisen
- zum zweiten muß eine ausreichende Menge dieser Produkte (Radikale, angeregte Teilchen) an die Oberfläche gelangen, um diesen Vorgang einzuleiten.

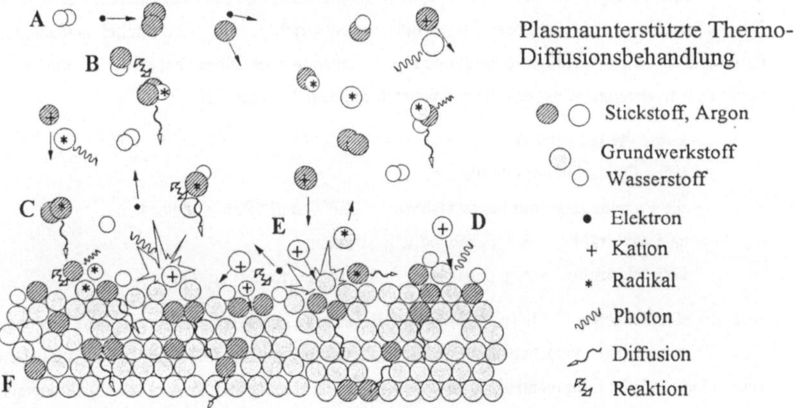

Bild 16 Vorgänge bei der plasmaunterstützten Thermo-Diffusionsbehandlung

Diesem plasmaunterstützten Thermo-Diffusionsprozeß kann man Basismechanismen zuordnen, die in Bild 16 dargestellt sind. Es können folgende Teilvorgänge unterschieden werden:

A: Anregung, Dissoziation und Ionisation durch Elektronenstöße.
B: Rekombination, Relaxation, Gasphasenreaktionen.
C: Transportvorgänge in der Gasphase (Diffusion und Ladungsträgerbewegung).
D: Adsorption, Einlagerung, Oberflächenreaktionen.
E: Modifikation der Randschicht durch Ionen- und Photonenwirkung.
F: Diffusion im Festkörper, Bildung von Sondernitriden.

Die im Plasma vorhandenen Atome und Moleküle (ternäre Gasmischung Φ_N''' Stickstoff / Wasserstoff / Argon) werden dissoziiert, angeregt und ionisiert (A+B). Dies führt zu einem reaktiven Gasgemisch, aus dem angeregte Stickstoffmoleküle oder Radikale an die Festkörperoberfläche diffundieren (C). Sie werden dort über verschiedene Mechanismen angelagert und gebunden (D). Aus diesen Stoffpotential kann dann die Diffusion im Festkörper einsetzen. Es können weitere chemische Reaktionen stattfinden, die in Abhängigkeit der äußeren Parametern sowie vom Grundwerkstoff eine stickstoffreiche Randschicht aus unterschiedlichen Eisennitriden aufbauen (F) /5, 52 - 58/.
In Abhängigkeit von Reaktionen an der Oberfläche sowie der äußeren Versuchsführung bildet sich zeit- und temperaturabhängig eine stickstoffreiche Diffusionsschicht und u. U. eine äußere Verbindungszone aus. Zu deren Bildungsmechanismen gibt es verschiedene Vorstellungen /59, 60, 61, 62/.
Parallel zu diesen Vorgängen gelangen die im Plasma entstandenen positiven Ionen an den Rand des Kathodenfalls und werden über das elektrische Feld zur Werkstoffoberfläche hin beschleunigt. Sie treffen dort mit hoher Energie auf (E). Dieser stetige Ionenbeschuß aktiviert eine wenige Atomlagen starke Randzone (vgl. Tabelle 1), induziert lokal hohe Temperaturgradienten (hot spots) und führt zu Strukturstörungen, die das Eindiffundieren in die tieferen, ungestörten Werkstoffbereiche erleichtert. Dieser Oberflächenprozeß ist stark von der Versuchsführung und der Gaszusammensetzung abhängig.
Der Aufbau dieser Schichten beim Plasmanitrieren entspricht jedoch grundsätzlich demjenigen, der auch durch andere Nitrierverfahren erzeugt wird /53/. Gegenüber herkömmlichen Nitrierverfahren (Salzbad-, Gas-, Pulvernitrieren) weist das Plasmanitrieren folgende Vorteile auf:

- kurze Prozeßzeiten /63/;
- keine Oxidation der Oberfläche;
- die Prozeßtemperatur liegt zwischen T= 380°C und 550°C , daher kann eine nachträgliche Wärmebehandlung entfallen;
- kein Werkstückverzug, daher keine Nacharbeit erforderlich /64/.

Aus prozeßtechnischen Gründen (vollständige Bedeckung des Werkstückes mit dem Glimmsaum) wird diese Thermo-Diffusionsbehandlung im Bereich der anormalen Glimmentladung betrieben. Um zu vermeiden, daß die Glimmentladung in den energetisch günstigeren Zustand des Lichtbogens übergeht, wird die Gleichspannung niederfrequent gepulst (f_{DC} = 0 - 30 kHz).

Dadurch entstehen Vorteile für die Prozeßführung, da die Stromdichte als einer der zentralen Prozeßwerte über das Verhältnis Pulsdauer zu Wiederholung an die Prozeßkonditionen angepaßt werden kann /62/. Zusätzlich ist mit dieser Pulstechnik die Entkopplung der Temperatur vom Ionenbeschuß verbunden, die sich sonst abhängig von dieser Größe einstellt /65/. Die verwendeten Reaktoren besitzen Heizelemente, die den Grundanteil der für die Diffusionsvorgänge benötigten Temperatur erzeugen. Die eigentliche Plasmaleistung wird so auf ein für die physikalisch-chemischen Vorgänge notwendiges Maß reduziert und damit von der primären Wärmezuführung abgekoppelt. Eine Überhitzung an exponierten Stellen des Werkstückes wird dadurch vermieden, und es wird nur soviel Energie in das System eingebracht, wie sie für den Prozeß notwendig ist /66/. Dennoch kann es in engen chargierten Bereichen oder auf komplexen Bauteilgeometrien zu lokalen Temperaturerhöhungen kommen. Elektronen-Resonanzeffekte /67 - 69/, durch Plasmen induziert, bewirken lokale Aktivitätsunterschiede und haben daher Einfluß auf die Qualität einer Bauteilbehandlung .

Allgemeine Modelle für den Einbau des Stickstoffes

Die Modellerklärungen für den Einbau des Stickstoffs unterscheiden sich bezüglich der Auswirkung von ionisierten und reaktiven Gasteilchen an der Grenzschicht zur Festkörperoberfläche. Ein weit verbreitetes Modell der Stickstoffanlagerung im Plasma stammt von Kölbel /59/ (vgl. Bild 17). Es basiert im wesentlichen auf dem Prinzip des Abstäubens durch Ionenbeschuß. Durch Ionen (N^+, Ar^+) oder hochenergetische Neutralteilchen werden einzelne Eisenatome aus dem als Kathode geschalteten Festkörper geschlagen. Sie reagieren im Plasma mit dem ionisierten/angeregten hochreaktiven Stickstoff zu FeN, das sich an der Oberfläche abscheidet. Diese Verbindung ist thermisch nicht stabil; sie zerfällt in Eisennitride mit geringerem Stickstoffgehalt unter Abgabe diffusionsfähiger Stickstoffatome. Dieses Modell hat jedoch Einschränkungen /59, 62/.

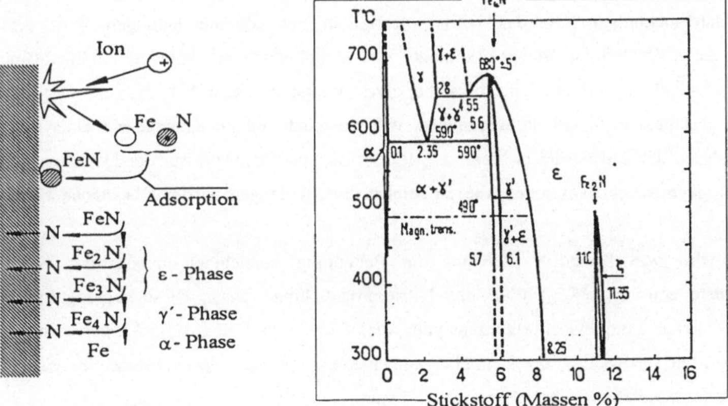

Bild **17** Modellbildung nach /Kölbel 59/ , N-Fe Phasendiagramm aus /70/

Obwohl die randnahe Ionenimplantation von Stickstoffionen im Vergleich zur Adsorption angeregter Moleküle ein untergeordneter Stoffaufnahmemechanismus ist, sind die induzierten Oberflächenstörungen für den Gesamtprozeß von Bedeutung. Die energiereichen Stickstoffionen können mehrere Atomlagen tief in die Werkstückoberfläche eindringen (~ 1-5 nm 2-50 Atomlagen). Durch den Ionenbeschuß erhöht sich die Defektdichte an der Festkörperoberfläche erheblich /66/. Lakhatin /71/ gibt eine Temperaturerhöhung an der Oberfläche von bis zu 10000 K durch das Ionenbombardement an. Andere Darstellungen beschreiben sogenannte hot spots, Bereiche mit kurzzeitigen Temperaturspitzen (Größenordnung ~ ns, bis - 8000 K). Es kann daher von einer hohen spezifischen Oberflächenenergie ausgegangen werden, die die Oberflächendiffusion unterstützt und eine Aktivierung weiterer Oberflächenvorgänge auslöst. Dabei werden Verunreinigungen, die die Diffusion behindern könnten, im Plasma entfernt. Adsorbierter Wasserdampf wird im Vakuum durch vom Plasma ausgehende UV-Strahlung zur Desorption angeregt. Restverunreinigungen an der Oberfläche können bei der Verwendung von Wasserstoff im Gasgemisch reduziert, zu flüchtigen Produkten abgebaut und abgepumpt werden.

Nach Tibbets /60/ ist die Adsorption der Stickstoff-Neutralteilchen die Voraussetzung für den anschließenden Diffusionsprozeß. Die Begründung seiner Vermutung liegt im geringen Ionisierungsgrad der Stickstoffteilchen in den beim Plasmanitrieren verwendeten Glimmentladungen. Karpinski /72/ und Szabo /61/ vertreten ebenfalls die These, daß Adsorption von angeregten Neutralteilchen an die Werkstückoberfläche maßgeblich für den Nitriervorgang verantwortlich ist.
Neuere Untersuchungen über das Nitrierpotential in post-Glimmentladungen (post discharge) erweitern diese Vorstellung. Ricard /73/ zeigte, daß zu Schwingungen angeregte Stickstoffmoleküle $N_2(X,v')$ hauptverantwortlich für die Entstehung von atomaren Stickstoff $N(^4s)$ sind. Der Zerfall der Moleküle geschieht u. a. bei Stoßvorgängen, wie sie prinzipiell im Kontakt mit einer Oberfläche auftreten. Nach Richard ist dieser atomare Stickstoff der primäre Auslöser der Diffusionsvorgänge. Aber auch chemischer Reaktionen, die zu Stickstoffverbindungen an der Oberfläche führen, sind denkbar.
Daneben wird von Bougdira /74/ auf die Bedeutung langlebiger metastabiler N_2 Spezies (insbesondere von $N_2(A^3\Sigma^+{}_u)$) für den Nitrierprozeß hingewiesen. Diese angeregten Moleküle führen bei Stößen Energiewechselvorgänge aus; dies führt in der Folge zu hochangeregten, reaktiven oder ionisierten N_2-Spezies, die sich über verschiedene weitere Zwischenstufen zu einer für die Nitrierung direkt nutzbaren Form umwandeln können.
Alle diese Vorgänge werden durch die Zugabe von Wasserstoff zum Plasmagas unterstützt /73, 74, 75/. Dieses Phänomen ist nicht vollständig verstanden /74/. Eine der möglichen Erklärungen liegt im chemischen Aktivitätspotential von Wasserstoffes begründet, das hier zu sehr reaktiven NH-Verbindungen führt /141/. Anteile von Argon zum Arbeitsgas unterstützen den Prozeß; sowohl durch

Verbindungsschichtbildung (VS)

Die Bildung der Verbindungsschicht erfolgt durch mehrere, parallel verlaufende Mechanismen. Es finden einerseits Oberflächenreaktionen statt, die zur Bildung von Eisen- und Sondernitriden führen, induziert und unterstützt durch die Interaktion mit Stickstoffionen. Daneben gibt es zusätzliche Reaktionen in einem Stickstoff-Wasserstoff-Argon-Plasma mit abgestäubten Metallatomen, bei denen Metallnitride verschiedenster Stöchiometrien und Metall-N_xH_y-Verbindungen entstehen. Diese Verbindungen können wieder auf der Oberfläche abgeschieden und sowohl durch die Physisorption als auch durch die Chemisorption gebunden werden.
Die Fe-Nitride können sowohl in der Form γ' (Fe_4N, kfz-Gitter), als ε' ($Fe_{2-3}N$, hexagonales Gitter) oder in Mischformen auftreten. Im wesentlichen ist dies vom Kohlenstoffgehalt des Grundmaterials sowie der Zusammensetzung des plasmabildenden Gases abhängig. Durch einen geringen Zusatz eines Kohlenwasserstoffes zum Prozeßgas kann die Bildung einer VS in gewissen Grenzen beeinflußt werden. Die VS-Bildung setzt unmittelbar bei Prozeßbeginn ein und wächst asymptotisch auf einen Grenzwert zu, der durch Temperatur und Gaszusammensetzung begrenzt wird.
Bedingt durch die Wechselwirkung des Festkörpers mit der umgebenden Gasatmosphäre verarmen die Oberfläche und die randnahe Zone des Eisenwerkstoffes an Kohlenstoff, wenn im Plasma kein Kohlenstoff vorhanden ist. Dieser Vorgang setzt schon beim plasmaunterstützten Aufheizen ein und verlangsamt sich erst, nachdem eine gleichmäßige, dichte Verbindungsschicht aufgebaut worden ist.
Anschließend wird am Interface zwischen der Verbindungsschicht und dem Grundwerkstoff Kohlenstoff angereichert. Dies geschieht in Form von Eisenkarbiden und Eisenkarbonitriden /76/.

Diffusionsschicht (DS)

Der Effekt der Randschichthärtung ist auf die Stickstoffeinlagerung und die Bildung harter Sondernitride /57/ (z. B. Chromnitrid) in der Diffusionsschicht zurückzuführen. Die Dicke der DS, die aus Mikrohärtemessungen ermittelt wird, bildet sich in Abhängigkeit der Temperatur, Zeit und von der Stahlzusammensetzung. Es zeigt sich, daß mit steigendem Legierungsgehalt von Elementen hoher Affinität zum Stickstoff (Cr, V, Mo...) die Eindringtiefe (Nitrierhärtetiefe NhT) des Stickstoffs in den Stahl abnimmt, die Oberflächenhärte dagegen ansteigt /54/.

Probenmaterialien

Als Probenmaterial wurde der Werkstoff X 155 CrVMo 12.1 (Fa. Böhler AG Edelstahlwerke) in Form eines Präzisionsflachstahls mit den Maßen 20,3mm x 8,2mm verwendet (vgl. Tabelle 5). Die Vorbehandlung dieses Materials nach DIN 59350 ist Glühen und entkohlungsfreies Schleifen. Bei diesem Werkstoff wurde eine Ausgangshärte von 280 $HV_{0.02}$ ermittelt. Es wurden Proben der Länge 22mm abgetrennt, eine Seite wurde feingeschliffen und poliert. Der Mittenrauhwert betrug R_a = 0,10 µm.

Durch die Ionenreinigung im Wasserstoff-Argon-Plasma wird die Rauhigkeit der polierten Proben nicht wesentlich verändert (R_a= 0.11 µm). Der Nitriervorgang bewirkt aber, verbunden mit einer unterschiedlichen Löslichkeiten von Stickstoff in der Metallmatrix (Kristallgefüge) und deren Anordnung zur Oberflächennormalen, eine ungleiche Änderungen der Volumenstruktur durch die Stoffeinlagerung. Dies und die anisotrope Wirkung eines Ionenbeschusses auf die mikroskopische Oberflächenstruktur führen zu einer deutlichen Erhöhung der Rauhigkeit (R_a= 0.2 - 0.26 µm). Dieser Effekt wirkt sich insbesondere bei der Verbindungsschicht-freien Nitrierung des Probenmaterials aus.

	C	Si	Mn	P	S	Cr	Mo	V
min:	1,5	0,3	0,30	<0,35	<0,35	11,5	0,60	0,9
max:	1,6	0,5	0,50			12,5	0,80	1,10

Tabelle **5** Werkstoffblatt X155 CrVMo 12.1

Materialcharakteristik plasmaunterstützter Thermo-Diffusionsbehandlungen

Die nutzbaren Ergebnisse einer plasmaunterstützten Nitrierung lassen sich in Abhängigkeit des Werkstoffes in weiten Grenzen über die Prozeßführung einstellen. Dies schließt die Ausprägung der VS und DS sowie ihre Phasenzusammensetzung ein /57, 70, 73/. Der Einsatz der Plasmadiagnostik zur Verfahrensoptimierung und Prozeßkontrolle muß die zugehörige Einflüsse der einzelnen Nitrierparameter auf die Materialcharakteristik berücksichtigen. Für das verwendete Material wurden verschiedene Versuchsreihen durchgeführt, in denen die Prozeßparameter variiert wurden. Die Ergebnisse dieser Untersuchungen sind für die Temperatur, die Gaszusammensetzung und den Druck in den Bildern **18** und **19** als Nitrierhärteverläufe dargestellt /77/. Ziel dieser Untersuchung war eine VS-freie Nitrierung des Werkstoffes. Für die Auswertung der Nitrierversuche wurde jeweils ein metallographischer Querschliff präpariert und die Mikrohärte nach Vickers bestimmt. Die Last bei der Härtemessung betrug konstant m = 20 g, entsprechend $HV_{0,02}$. Ein Maß für die Randschichthärte ist die aus diesen Messungen ableitbare Nitrierhärtetiefe (NhT). Sie ist nach DIN 50190 derjenige Abstand von der Oberfläche, an dem eine noch um 50 HV höhere Härte als im Kern vorliegt.

Experimentelle ermittelte Ergebnisse der Materialcharakterisierung

Die Nitrierversuche wurden für das Probenmaterial im Temperaturbereich zwischen T= 430°C und 500°C durchgeführt. Das Mischungsverhältnis der binären Arbeitsgase $\Phi_N'' = \%H_2 + \%N_2$ variierte zwischen 95:5 bis 75:25. Die weiteren Prozeßparamenter für die Untersuchung des Nitrierprozesses wurden wie folgt eingestellt: Druck p= 250 Pa; Bias-Spannung: U= 500V, Pulsfrequenz f_{DC} = 10kHz, Impulsdauer P_D = 50µs. Die erzielten Resultate sind auszugweise in Bild **18** dargestellt.

Es kann festgestellt werden, daß nahezu unabhängig von der Nitriertemperatur eine NhT von ca. 50µm erzeugt wird. Die Gasmischung weist keinen ausgeprägten Einfluß auf die Bildung der DS aus.

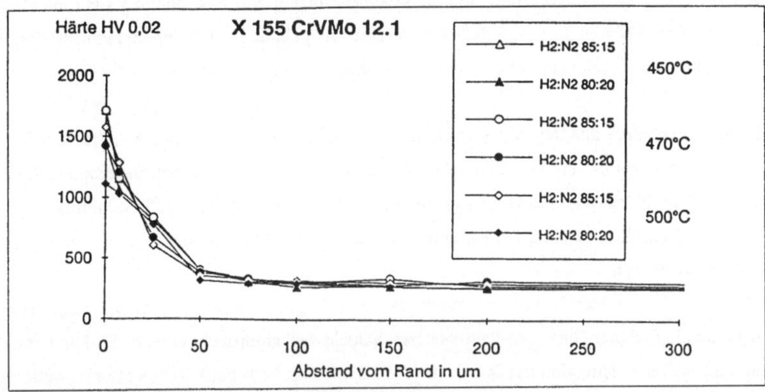

Bild 18 Nitrierhärteverläufe: Prozeßparameter: p= 250Pa, U= 500V, f_{DC} = 10kHz, P_D = 50µs, t = 3 h, T = 450°C / 470°C / 500°C, Gasmischung Φ_N'' = $\%H_2 + \%N_2$, Q_V = 1500sccm

Im folgenden Diagramm sind die gemessenen Nitrierhärteverläufe als Funktion des Gesamtdrucks und verschiedener Gasmischungen zusammengestellt. Der Druck wurde zwischen 100 und 250 Pa variiert. Die Prozeßtemperatur betrug 470°C. Das Ergebnis dieser Versuchsreihe weist dem absoluten Stickstoffanteil des Prozeßgases einen starken Einfluß auf die Ausbildung und die NhT der DS zu. Die maximale Härte der Probenoberfläche wird ebenfalls stark durch diesen Parameter beeinflußt.

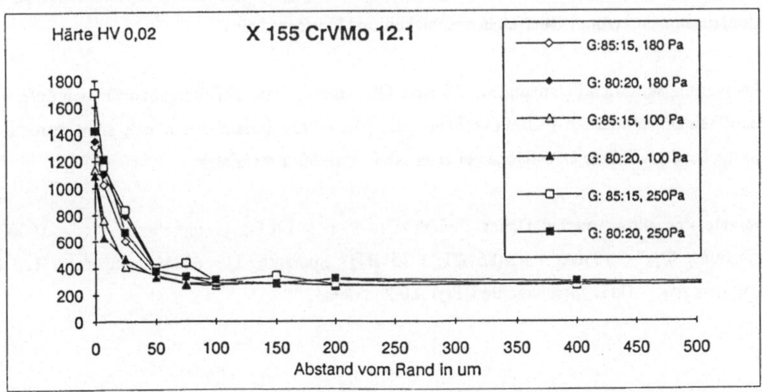

Bild 19 Nitrierhärteverläufe: Prozeßparameter: T = 470°C , U= 500V, f_{DC} = 10kHz, P_D = 50µs, p= 100 - 250Pa , t = 3 h, Gasmischung Φ_N'' = $\%H_2 + \%N_2$, Q_V = 1500sccm

Verbindungsschicht-Bildung bei der Materialcharakterisierung

Ein weiteres, maßgebliches Kriterium einer plasmaunterstützten Nitrierbehandlung stellt die Dicke und Struktur einer in Abhängigkeit von äußeren Parametern gebildeten Verbindungsschicht dar. Dieser Parameterraum wird durch materialcharakteristische Eigenschaften beeinflußt.

Das Ergebnis, das sich aus der Auswertung der VS-Dicke mittels angeätzter Kalottenschliffe ergibt, steht in Übereinstimmung mit Veröffentlichungen, denen zufolge es für jeden nitrierbaren Stahl einen charakteristischen Nitrierparametersatz gibt (minimales Stickstoff / Wasserstoff-Verhältnis und Temperatur (threshold nitriding potential) /78/), unterhalb dessen gar keine oder nur noch eine verschwindend dünne VS gebildet wird.
Das Wachstum der VS geschieht asymptotisch; dies berechtigt zur Annahme, daß bei einer ausreichend langen Behandlungsdauer (hier: 3h) kein weiteres Schichtwachstum mehr eintritt. Es kann festgestellt werden, daß sich auf dem Material X 155 CrVMo 12.1 unterhalb einer Temperaturschwelle von ca. $T \leq 470°C$, einem Druck $p \leq 180Pa$ sowie einem Stickstoffanteil < 15% in der binären Gasmischung keine ausgeprägte VS mehr ausbildet. Dies ist eine Folge des hohen Legierungsgehalts des Grundmaterials. Die Zugabe von Argon ($\Phi_N'' \rightarrow \Phi_N'''$) führt zu einem zusätzlichen Ionenbeschuß der Oberfläche und unterstützt dadurch die VS-freie Prozeßführung.

Der Vorteil einer solchen Materialbehandlung liegt darin, daß die unmittelbare Oberflächenstruktur (durch den Ionenbeschuß während der Nitrierung oder einer nachfolgenden ionenunterstützten Behandlung) zuverlässig modifiziert und aktiviert wird. Es läßt sich somit reproduzierbar ein optimal vorbereitetes Interface für einen nachfolgenden Behandlungsschritt (hier: Beschichtung) herstellen (Materialzusammensetzung, Oberflächenrauhigkeit und Härtegradient).

Die Auswertungskriterien (Temperatur, VS-freie Oberfläche, max. NhT) ergaben für den untersuchten Werkstoff einen optimierten Prozeßparametersatz. Mit diesen Einstellungen läßt sich reproduzierbar eine weitgehendst VS-freie Oberfläche bei einer NhT von ~50 μm erzielen.

Optimierte Prozeßparameter: Dauer: $t = 3h$, Druck: $p \leq 170Pa$, Gasdurchsatz: $Q_V = 1600$ sccm, Gasmischung: $\Phi_N''' = 10\%Ar + 0{,}9(85\%H_2 + 15\%N_2)$, Spannung $U = 600V$, Temperatur $T \leq 470°C$ Pulsfrequenz $f_{DC} \sim 1kHz$, Stromdichte $I(P_D) \leq 0{,}2mA/cm^2$.

3. 2 Beschichtung aus der plasmaaktivierten Gasphase (PACVD)

Eine Schichtabscheidung mittels eines plasmaunterstützten Prozesses basiert prinzipiell darauf, in einem kalten Arbeitsgas hochreaktive Gasspezies zu erzeugen, die über chemische Gasphasen- und/oder Oberflächenreaktionen zu kondensierbaren Produkten führen (*reaktionskinetischer Effekt*). Diese Gasteilchen sind überwiegend neutral und können an die Werkstückoberfläche (Festkörper) diffundieren, an der sie adsorbiert, eingelagert oder reaktiv gebunden werden. Energiereiche Ionen modifizieren dabei die aufwachsenden Schichtlagen durch einen stetigen Teilchen- und Energieeintrag (*ioneninduzierter Effekt*) /79/. Das Besondere an dieser Dünnschichttechnologie ist, daß diese Reaktionen ohne entsprechende Energiezufuhr unter vergleichbaren thermodynamischen Bedingungen nicht stattfinden würden (*thermodynamischer Effekt*) /37/. Die Energie für die Reaktionsprozesse in diesen teilionisierten Gasen wird selektiv den freien Elektronen zugeführt, die dann über inelastischen Stöße Energie abgeben. Molekülen können so dissoziiert, Atome und Molekülfragmente anregt und ionisiert werden.

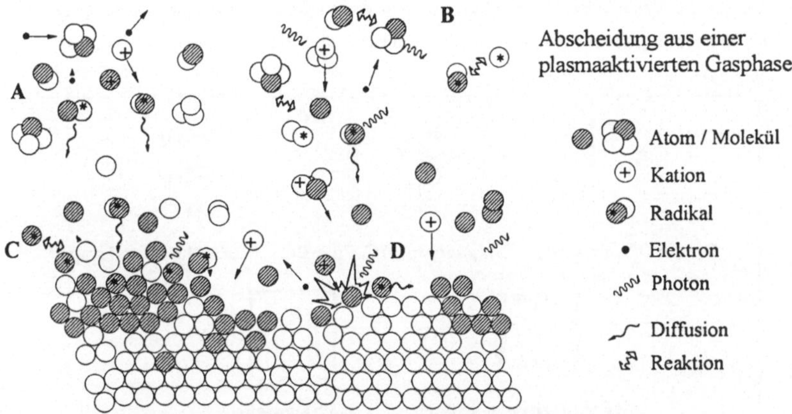

Bild **20** Vorgänge bei der Abscheidung aus einer plasmaaktivierten Gasphase

In Bild **20** sind die Vorgänge, die zu einer Abscheidung aus einer plasmaaktivierten Gasphase führen, schematisch dargestellt. Es können mehrere sich überlagernde Teilkomplexe unterschieden werden. Der für die Abscheidung verantwortliche Teilchenmassenstrom gelangt ungerichtet durch Diffusionsvorgänge an die Oberfläche des zu behandelnden Bauteils.

A: Anregung durch Elektronenstöße: Fragmentierung, Dissoziation, Anregung, Ionisation.

B: Reaktion durch Stöße: Rekombination, Relaxation, Gasphasenreaktionen.

C: Schichtbildung: Einlagerung, Anbindung an bestehende Strukturen, chemische Reaktionen.

D: Modifikation der Schichtstruktur durch Ionen und Photonen.

Die eigentliche Schichtbildung geschieht durch die Anbindung von neutralen Radikalen an die Schichtoberfläche. Die chemische Zusammensetzung des gebildeten Films ist jedoch nicht über eine einfache Beziehung mit der chemischen Zusammensetzung der kondensierbaren Gasbestandteile verknüpft. Reaktionen an der Oberfläche haben zusätzlich einen starken Einfluß /49, 80/. So ist beispielsweise die reaktionsunterstützende Wirkung von Wasserstoff hervorzuheben, der für viele Plasmaprozesse als Trägergas verwendet wird /74, 80, 81/. Darüber hinaus beeinflußt ein vorhandener Ionenbeschuß, der üblicherweise keinen meßbaren Anteil zum Wachstumsprozeß beiträgt, die physikalischen Eigenschaften in signifikanter Weise (Dichte, Zusammensetzung) /14, 120, 81/.

Anregungssysteme als Unterscheidungmerkmal der PACVD

Die Unterscheidung der üblichen Abscheidungsprozesse ist eng mit der technischen Erzeugung nichtisothermer Plasmen verknüpft. Die verwendeten Reaktoren müssen über eine apparative Vorrichtung für die Vakuumerzeugung, einen kontrollierbaren Gasfluß und eine Druckregeleinheit verfügen. Die Einkopplung der elektrischen Energie ist in vielen Variationen möglich (vgl. Bild 21).

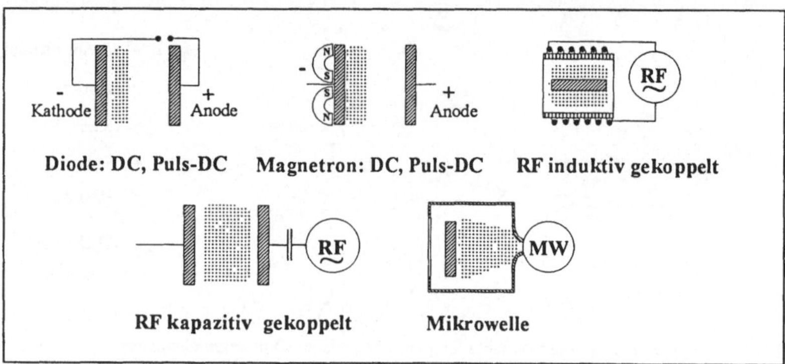

Bild 21 Bauformen zur Energieeinkopplung für die Plasmaerzeugung

Eine prinzipielle Unterscheidungsmöglichkeit ist die Frequenz des angelegten Anregungssystems (vgl. Tab. 6). Die verschiedenen Anregungssysteme (Gleichspannung DC, Puls-DC, Radiofrequenz, Mikrowelle, ECR...) haben einen entscheidenden Einfluß auf die Schichtbildungsmechanismen. Dies hängt mit zwei Faktoren zusammen. Zum einen variieren die Bereiche der Energiedissipation bei den einzelnen Anregungssystemen in Lage und Ausdehnung. Darüber hinaus hängt die Plasmadichte und das Bias-Potential als frequenzabhängige Größe von der Anregung ab. Eine Zusammenstellung typischer Daten der Anregungssysteme ist in Tabelle 6 gegeben.

	DC	Puls-DC	RF	Mikrowelle	µ-W.+ ECR
Frequenz	0	<50kHz	0,05-300MHz	2,45GHz	2,45GHz-
Prozeßdruck	1-500Pa	1-500Pa	2-250Pa	2-20Pa	0,1-5Pa
Plasmadichte	$<10^7 cm^{-3}$	$<10^9 cm^{-3}$	10^8-$10^{11} cm^{-3}$	10^9-$10^{10} cm^{-3}$	10^{11}-$10^{12} cm^{-3}$
Plasma-Potential	<2000	<1000	<200V	<20V	~10V
T_e	0,5-5eV	0,5-5eV	1-10eV	1-10eV	2-10eV
Ionisationsgrad	$<10^{-5}$%	10^{-5} - 0,1%	10^{-4} - 0,1%	~1 - 10%	0,1 - 20%

Tabelle 6 Plasmakonditionen in verschiedenen Anregungsquellen aus /9, 28, 33, 82, 83, 84/

Im einfachsten Fall, der Gleichspannungs-Glimmentladung, liegt das Maximum des Energieumsatzes in einem Bereich über Kathodenoberfläche (Bereich Glimmsaum und Kathodenfall vgl. Kap **2. 5** S. 36). Dabei bildet sich der Kathodenfall durch einen hohen Spannungsabfall aus, der zu einem intensiven Ionenbeschuß führt /33/. Dieser Effekt kann jedoch bei empfindlichen Oberflächen und Schichten zu Schäden führen /85, 37/.
Dieser Teilchenstrom führt durch seinen stetigen Energieeintrag zu einer hohen Wärmebelastung der Werkstückoberfläche. Die Temperatur der Kathode stellt sich in Abhängigkeit der Ionenenergie und weiterer Prozeßparameter ein /86/.

Um die Beschichtungstemperatur von diesen Vorgängen abzukoppeln, wurden von Szabo /61/ und Grün /62/ gepulste DC-Plasmen vorgeschlagen. Dabei wird die Bias-Spannung in Form von Rechteckimpulsen variabler Dauer und Frequenz an die Kathode angelegt. Der Ionenbeschuß der Werkstücke folgt etwas zeitverschoben zur angelegten Spannung; während der Pulspause liegt kein Potential an, und der Ionenstom fällt (approximativ) exponentiell gegen Null ab. Diese Prozeßvariante führte zu den entscheidenden Optimierungen bei der plasmaunterstützten Thermo-Diffusionsbehandlung, da die rein thermisch induzierte Diffusion von der Herstellung der reaktiven Spezies entkoppelt wurde.
Untersuchungen der zugrundeliegenden physikalischer Effekte wiesen die Existenz langlebiger (~ms) angeregter Teilchen nach, die den Plasmazustand (in oszillierender Intensität) aufrecht erhalten. In Bild **22** ist die Evolution der Elektronendichte und Energie in einem gepulsten Plasma dargestellt. Ähnliche Ergebnisse wurden experimentell von /85/, /87/ und anderen bestätigt.

Gegenüber reinen DC-Glimmentladungen erhält man mit dieser Prozeßtechnik einen deutlich höheren Ionisationsgrad. Dies wird auf die Wirkung der steilen Potentialgradienten zurückgeführt, die bei der Erzeugung der Rechteckimpulse auftreten. /83, 88, 89, 90/.

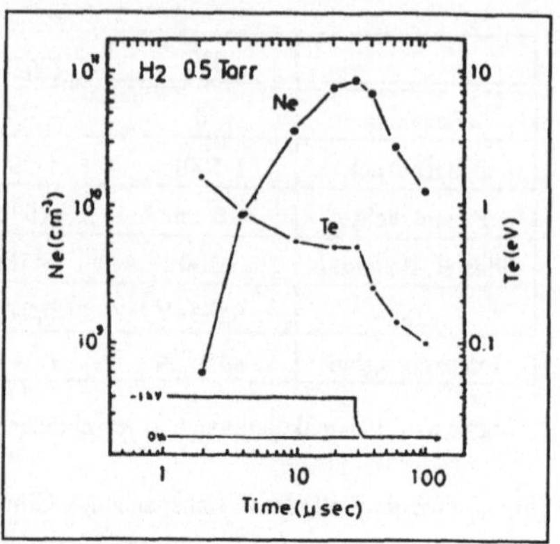

Bild 22 Zeitliche Entwicklung der Elektronentemperatur und Energie in einem mit 50Hz und 30µs Pulsbreite erzeugten 1kV DC-Plasma (Graphik aus /88/). Hugon /85/ zeigte einen weitgehend übereinstimmenden Verlauf für ein Stickstoff-Plasma bei 1kHz Pulsfrequenz. Der Abfall der Elektronendichte beträgt etwa 1/t des Scheitelwertes.

Wird die DC-Glimmentladung in einer solchen Form niederfrequent gepulst betrieben, kann man neben der Entkopplung der Werkstücktemperatur vom Ionenbeschuß einen zusätzlichen Freiheitsgrad für diese Teilchen erzielen: die Energie der auf die Oberfläche auftreffenden Ionen. Diese besitzen in homogenen Plasmavolumen auf einer ungerichteten Bahnbewegung eine EVF zwischen 0 - 2..4 eV /15/, (~ 1eV gemessen /85/). Ihr Übergang in den Kathodenfall, in dem sie Energie aufnehmen, wird nur von den Bedingungen der pre-Sheath-Zone, nicht aber vom Spannungsabfall in Kathodenfall bestimmt /27, 33/.

Dieser Spannungsabfall bestimmt aber entscheidend die kinetische Energie der Ionen, die im KF zur Oberfläche hin beschleunigt werden ($E = 1/2mv^2 = eU$) /91/. Ihre Energieverteilungsfunktion wird hier nur durch die Kollisionswahrscheinlichkeit mit neutralen Gasteilchen bestimmt, die sich im Kathodenfall befinden. Diese Teilchen haben Energien im Bereich von meV (EVF des Neutralgases im ThG). Im Vergleich mit den schnellen Ionen kann man sie im KF quasi-stationär betrachten. Senkt man den Druck soweit ab ($p<5Pa$), daß die mittlere freie Weglänge in der Größenordnung des Kathodenfalldicke liegt, können diese Stöße vernachlässigt werden. Schließt man andere Stoßvorgänge aus /33/, führt dies zu Ionenenergien im Bereich des angelegten Potentials. Praktisch bedeutet dies, daß nur der Quotient der mittleren freien Weglänge λ_{fW} (Funktion des Drucks p) und der KF-Dicke d_{KF} diese Größe maßgeblich beschränkt. Die Energie dieser Teilchen kann in einer vorsichtigen Abschätzung nach Abril /91/, Koidl /92/ und anderen durch die Relation $E_{Ion} \sim U/p^2$ beschrieben werden.

In gepulsten DC-Plasmen kann die Spannung in weiten Grenzen frei eingestellt werden, wobei durch die variable Pulsdauer und Wiederholungsfrequenz ein über die Zeit integrierter, konstanter und charakteristischer Strom vorgegeben werden kann. Das bedeutet, daß bei sonst gleich gehaltenen Parametern die Energie der Ionen (über den KF) verändert wird.

Dieser Vorgang hat gleichzeitig eine starke Wirkung auf die Volumenanregungseffekte; es läßt sich ein deutlicher Einfluß auf die Bereitstellung freier Ladungsträger (und angeregter Spezies) feststellen, der sich in einer Abnahme der benötigten elektrischen Wirkleistung äußert. Dieser Effekt hängt im untersuchten Bereich kaum von der Frequenz ab (vgl. Bild 23), während die Gaszusammensetzung einen starken Einfluß aufweist. Die elektrische Wirkleistung P_{eff}, in Gleichung 11 beschrieben, berücksichtigt die zeitliche variierende relative Leistung P_r (vgl. nebenstehendes Bild).

$$P_{eff} = \frac{1}{T} \int_0^T P_r \, dt \qquad (11)$$

Im folgenden Bild 23 ist die in ein Plasma (ternäre Gasmischung Φ_N''' Ar, H_2, CH_4) eingebrachte Wirkleistung über der Puls-Frequenz dargestellt. Ein leichter Einfluß läßt sich nur für höhere Leistungen, sowie erhöhten reaktiven Gasanteilen erkennen.

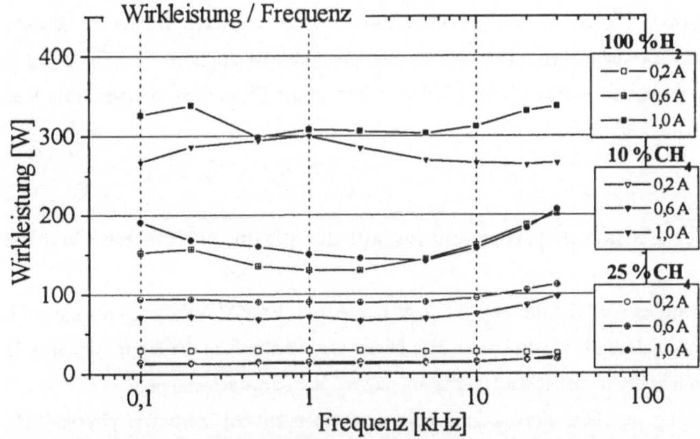

Bild 23 Die in ein gepulstes Plasma eingebrachte Wirkleistung als Funktion der Frequenz Prozeßgrößen: U = 600V, p = 20Pa, Q_V = 365sccm, I(P_D) = 0,2 0,6 1,0A, T ~ 150°C, Φ_N''' = : 10%Ar + 0,9(X%H_2 +Y%CH_4); variable Prozeßgrößen: Frequenz f_{DC}, und Pulsdauer P_D (µs)

Aufbau einer selbsterzeugten Bias-Spannung bei hochfrequenten Wechselfeldern

Bei Anregungsmechanismen, die die benötigte Energie über hochfrequente Wechselfelder bereitstellen, erhöht sich die Effizienz dieser Anregung mit der Frequenz. Dies folgt aus der Teilchenwechselwirkung mit dem elektrischen Feld. Ab ca. 1 MHz können nur noch Elektronen den Feldwechseln folgen /24, 26, 38, 93, 94/. Die Elektronen führen dann eine oszillierende Bewegung zwischen quasi feststehenden, neutralen Teilchen durch, wobei sich die Stoßhäufigkeit erhöht. Da mit diesen Stoßprozessen die Ionisation und Anregung von Teilchen verbunden ist, verändert sich die innere Aktivität (Plasmadichte) und die Reaktivität des Plasmas.
Bei diesen Verfahren wird üblicherweise keine Bias-Spannung mehr direkt an die Werkstücke angelegt. Ein Potentialaufbau an der geerdeten Elektrode (Self-Bias) wird genutzt, um ionenunterstützte Wirkungen auf der Oberfläche zu induzieren /95/. Dieses Potential ist niedriger als in DC-Glimmentladungen.

Dieser Effekt wird bei allen hochfrequenten Anregungsmechanismen (~ f > 0.5 Mhz) ausgenützt. Die Ausbildung eines "floating potentials" wird durch die unterschiedliche Beweglichkeit von Elektronen und Ionen verursacht. Bei jeder positiven Halbwelle der Hochfrequenz können mehr Elektronen auf die geerdete Elektrode fließen als positive Ionen während der negativen Halbwelle. Bedingt durch die unterschiedliche Beweglichkeit kann sich die Elektrode negativ aufladen. Die Höhe des Potentials ist neben der eingespeisten Leistung vom Flächenverhältnis der Elektroden und weiterhin vom Druck abhängig /3, 15, 80, 93/.

Industrieller Einsatz der Abscheidung aus der plasmaaktivierten Gasphase

Nach einer neueren Veröffentlichung /9/ liegt der Anteil der PACVD-Beschichtungen außerhalb der Halbleiter- und Elektronikindustrie unter 3%. Diese Zahl verdeutlicht die Kluft zwischen dem technologischen Stand und der industriellen Umsetzung dieser Verfahrenstechnologie.
Eine Begründung für diese Entwicklung liegt zum einen an den stark von physikalisch-chemischen Vorgängen dominierten Prozessen und zum anderen an der Größe und Form der zu modifizierenden und zu beschichteten Produkte. Die Probleme, die sich aus der Kombination dieser beiden Aspekte ergeben, lassen sich nur unter hohem technischem und finanziellen Aufwand lösen.

Die hierfür notwendigen Reaktoren sind durchweg von kleinem Volumen; der effektive Beschichtungsbereich ist plan. Um die Anwendungsprobleme in Bereich der Halbleiter, der Optik und der Elektronik zu lösen, wie beispielsweise die Gleichmäßigkeit des Plasmas bei der Abscheidung oder Modifikation der Oberfläche, wurde der Einsatz verschiedenster in situ-Meßtechniken forciert. Diese Instrumente sind in diesem Technologiesektor bei der effizienten Schichtentwicklung, der Prozeßüberwachung und der Qualitätskontrolle weit verbreitet. Es konnte eine große Anzahl Schichtsysteme und Abscheideprozesse, vornehmlich mit Elementen der IV. Hauptgruppe, entwickelt werden. Darüber hinaus wurden aber auch Materialien untersucht, deren Eigenschaften als spin-off auch für andere Anwendungen geeignet erscheinen. Zu diesen Materialien zählen Schutz-, Passivierungs- und Isolationsschichten, die auszugsweise in der Tabelle 7 zusammengestellt sind /37/.

	Reaktionsgleichung	Anwendung	
a-C:H	$CH_4+H_2+Ar \rightarrow$ a-C:H $+H_2+Ar$	Korrosionsschutz, Dekoration	/80, 36/
SiO_2	$[(CH_3)_3\text{-}Si]_2\text{-}O_2 + 12O_2 \rightarrow 2SiO_2+6CO_2+9H_2O$	Isolation, optische Wirkung	/28/
SiC	$SiH_4+CH_4+H_2 \rightarrow SiC+5H_2$	Elektronik, Verschleißschutz	/80/
TiN	$2TiCl_4+4H_2+N_2 \rightarrow 2TiN+8HCl$	Verschleißschutz	/36/
$TiSi_2$	$2SiH_4+TiCl_4 \rightarrow TiSi_2 + 4HCl + 2H_2$	Elektronik	/28/
AlN	$2AlCl_3+3H_2+N_2 \rightarrow 2AlN+6HCl$	Verschleißschutz	/37/

Tabelle 7 Industriell genutzte PACVD-Schichten

Der breitere Einsatz der plasmaunterstützten Abscheidung aus der Gasphase für einen industriellen Einsatz außerhalb der Mikroelektonik oder Optik liegt angesichts verschiedener ungelöster Probleme in weiter Ferne (Anlagentechnik, fehlende ingenieurwissenschaftlich nutzbarer Diagnostikmethoden, fehlende Methodik der Hochskalierung).

Die Volumen, in denen eine ausreichende Abscheidung beherrscht wird, sind klein oder aber die Prozeßparameter, wie z. B. die Abscheidungstemperatur, sind an die thermische Abscheidung aus der Gasphase angenähert /96, 97, 98/. Aufgrund dieser Schwierigkeiten fehlen weitere Entwicklungen zu Schichtsystemen auf Basis der plasmaaktivierten Gasphasen.

Die Abscheidung aus plasmaaktivierten Gasphasen weist einige grundsätzliche Eigenschaften auf, die sie prinzipiell für einen breiten technischen Einsatz wünschenswert machen. Diese Eigenschaften sind

- allseitige, konturtreue Beschichtung;
- niedrige Prozeßtemperatur;
- einfache Anlagentechnik;
- niedrige Kosten;
- Variationsvielfalt der Schichteigenschaften durch Ionenbeschuß.

Die Probleme dieser Technik liegen vor allem in den zahlreichen noch ungelösten Problemen der Depositionstechnik, die die Verfahrensentwicklung dieser neuen Technologie noch sehr teuer machen.

Ein zentrales Problem liegt darin, in einem möglichst großem Volumen ein gleichmäßiges Plasma zu erzeugen, das den lokalen Bedingungen für einen Abscheidungsprozeß genügt. Der Aspekt der lokalen Bedingungen entspricht hier dem Parameterbereich, aus dem sich die phänomenologische Toleranz für einen Prozeß ableiten läßt. Während diese Forderungen für ebene Substrate ausreichend erfüllt werden können, induzieren räumliche Strukturen Störungen /79/. Deren prinzipielle Ursachen sind:

- Gasströmungen und lokal auftretende Konzentrationsunterschiede reaktiver Spezies;
- die Variation der elektrischen Felder als Funktion der Elektrodengeometrie, die durch die Bauteilanordnung vorgegeben wird;
- die Resonanz- und Abschattungseffekte durch eine komplexe Chargierung und Bauteilgeometrie, die lokale Störungen in dem homogenen Plasmavolumen induzieren;
- Hohlkathodeneffekte die zu lokalen Änderungen der Plasmabedingungen führen.

Um die Probleme zu lösen, sind verschiedene Lösungsansätze denkbar. Sie basieren auf unterschiedlichen Aspekten dieser Verfahrenstechnik, haben aber den Einsatz der Plasmadiagnostik gemeinsam.

- Auffinden von Parameterbereichen, in denen die phänomenologische Toleranz der Prozeßführung maximiert ist;
- aktive Prozeßführung, z. B. bewegliche Gasführungssysteme;
- optimierter Einsatz in kleineren Reaktoreinheiten.

3. 3 Amorphe, wasserstoffangereicherte Kohlenstoffphase: a-C:H

Kohlenstoff hat in einer besonderen amorphen Phase, die nur durch ionenunterstützte Verfahren (z. B. durch DC, RF und Mikrowellen angeregte Niederdruck-Glimmentladungen) hergestellt werden kann, eine Anzahl außergewöhnlicher technischer Eigenschaften, die bereits zu vielfältigem Einsatz führen. Ihre Härte, ihr niedriger Reibkoeffizient sowie eine hohe chemische Beständigkeit zeichnen diesen Stoff insbesondere für den Gebrauch als Verschleiß- und Schutzmaterial für einen allgemeinen technischen Einsatz aus. Um dieses Material gegenüber der reinen Diamant-Phase abzugrenzen, sind einige physikalische und technische Eigenschaften in der Tabelle 8 zusammengefaßt /36, 80/.

Tabelle physikalischer und technischen Eigenschaften Kohlenstoffstrukturen

Eigenschaften		a-C:H	Diamant	
Härte 1000kg/mm ≅ 10^{-3}GP	GPa	0,9 - 3 /99/	90 (0,7-10 /238/	
spektrale Transparenz	eV	2,0-3,0 VIS-IR	5,5 UV-VIS-IR	/99, 100/
Brechungsindex (589,3 nm)		1,8-2,2	2,417	/100/
thermischer Ausdehnungskoeff.	1/K	~ $9*10^{-6}$	$8*10^{-6}$	-
spez. elektrische Widerstand ρ	Ωcm	$10^{1}>\rho>10^{-3}$	$> 10^{13}$	-
chemische Beständigkeit	-	Säuren und anorgan. Lösungsmittel	anorganische Säuren	-
Reibkoeffizient	-	0,01-0,2 *f*(rel %H_2O)	0,07	/101/
Verschleißverhalten	-	sehr gut	hervorragend	-
Dichte	g/mm³	1,8-2,5	3,51	/100/
Struktur	-	amorph, mit lokalen kristallinen Bereichen	kubisch	

Tabelle **8** Vergleich der Eigenschaften von Kohlenstoff: a-C:H und Diamant

Die physikalischen Eigenschaften dieser Filme hängen von der Depositionsform ab /101/. Für eine vorgegebenen Methode kann das Verhältnis der sp^3 zu sp^2 angeordneten Kohlenstoffatome durch das Einbringen von Wasserstoff in diese Schichten verändert werden. Der Wasserstoffanteil wird dabei durch die Temperatur, aber auch durch die Energie der auf die Oberfläche treffenden Ionen beeinflußt /80, 81, 102, 103, 104, 105/. So stellt sich der Wasserstoffgehalt in den Schichten in Abhängigkeit der Temperatur ein (Erhöhung der H%-Anteils bei tieferen Temperaturen) /99/.

Strukturaufbau der amorphen Kohlenstoffphase

Die Grundmatrix wird aus einer Mischung amorpher und kristalliner Kohlenstoffphasen gebildet (Zonen mit sp^3-Bindungen, mikrokristalliner Diamant), graphitischen Anteilen von sp^2 (trigonal eben unter 120° gebunden) sowie sp^1 (gerade Verbindung) räumlich verteilter Monomeren und CH_X Bruchstücken /101/. Ihre charakteristischen Eigenschaften verdanken sie der Tatsache, daß diese Schichten lokal sehr dicht gepackte Bereiche aufweisen, in denen sp^3-Bindungen vorherrschen (räumlich unter 109,2° vernetzte, tetraedrische Strukturen).

In diesem C-, CH-, CH_X-Konglomerat verschiedener Bindungszustände und Kohlenstoffphasen ist zusätzlich Wasserstoff eingelagert (bis zu 30%), der die Struktureigenschaften, wie z. B. die Schichtdichte, in einem weiten Bereichen beeinflußt (vgl. Bild **24**).

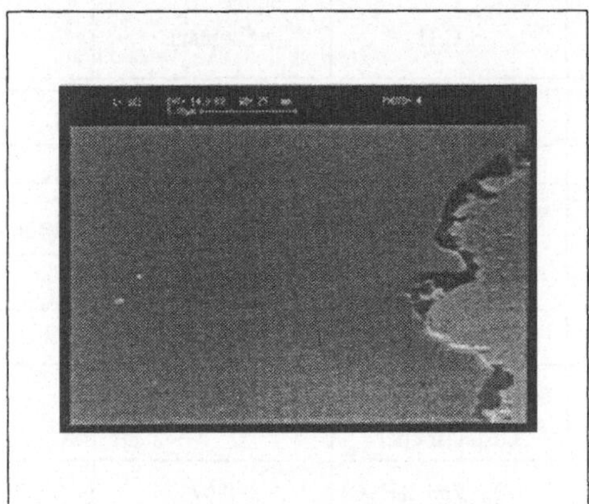

Bild **24** REM Aufnahme einer amorphen a-C:H-Schicht auf einem Stahlsubstrat

Diese besondere Schichtstruktur läßt sich für Kohlenstoff nur mit ionenunterstützten Methoden herstellen. Die Ausgangsstoffe beeinflussen dabei den inneren Aufbau und die Eigenschaften dieses Materials (Basiswerkstoffe: reiner Kohlenstoff, Kohlenwasserstoffe).

Die Basisstrukturen konkurrieren thermodynamisch mit der Graphit-Kohlenstoffphase (sp^2-Bindung, trigonal eben); die Abscheidung muß daher unterhalb 350°C erfolgen (Diamantschichten dagegen bei Temperaturen ~ 900°C).

Temperatureinfluß bei der Schichtabscheidung

Die Temperatur stellt bei der Abscheidung dieses besonderen Materials durch den thermodynamisch günstigen Übergang in die Graphitphase Grenzbedingungen auf. Die Herstellung dieser Schichten bei erhöhter Temperatur >350°C führt zu verstärkten Aufbau von Graphitphasen in der Struktur. Umgekehrt ist aber auch die Verwendungsfähigkeit dieser Schichten zu höheren Temperaturen limitiert. Die Schichten beginnen sich, bedingt durch ihre thermische Instabilität in die thermodynamisch günstigere Graphitphase umzuwandeln ($sp^3 \rightarrow sp^2$). Die sehr guten Reibverschleißeigenschaften beruhen auf diesen Materialeffekten; lokal induzierte Temperaturspitzen wandeln die Kohlenstoffstruktur um und bilden damit einen effektiv wirkenden Trockenschmierstoff.

Abscheidungs- und Schichtbildungsmechanismen

Die Reaktionsmechanismen, die zu diesen Schichttypen führen, sind nicht vollständig bekannt. Ein Hauptmerkmal der Herstellungsverfahren ist jedoch eine plasmaaktivierte Gasphase sowie ein Ionenbeschuß mit Energien zwischen 20 und 200 eV, der für den Aufbau diamantähnlicher sp^3-dominierender Strukturen in der Grundmatrix verantwortlich gemacht wird /106, 80/.

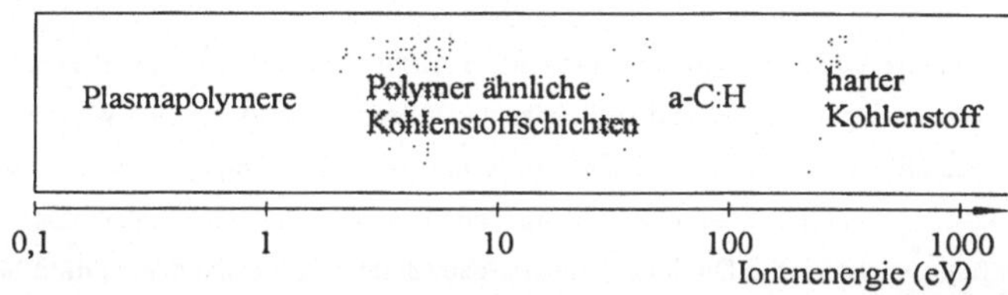

Bild **25** Einfluß der Ionenenergie auf den Schichttyp (Basis: Kohlenwasserstoffe /80/)

Unter physikalischen Gesichtspunkten ist der Energieeintrag durch Ionenbeschuß der wichtigste Parameter für die Abscheidung dieser amorphen, wasserstoffangereicherten Kohlenstoffschichten. Eine Prozeßbeurteilung, aber auch die Charakterisierung der abgeschiedenen Stoffeigenschaften kann daher als Funktion dieses Parameters erfolgen /107, 108/. Der für die Einteilung der abgeschiedenen Schichten notwendige Zusammenhang zwischen der Energie auftreffender Ionen und dem Schichttyp auf der Basis von Kohlenwasserstoffen ist in Bild **25** dargestellt.

Die überwiegend diskutierten Basismechanismen des Schichtaufbaus unterscheiden sich im wesentlichen in der Beurteilung der Wirkung der energiereichen Ionen auf die Schichtbildung /47, 80, 106, 109/.

In reaktiven Gasphasen, denen eine ausreichende Menge an Kohlenwasserstoffen zugemischt wird, entstehen als Folge von Stößen mit Elektronen aktivierte und ionisierte Kohlenstoff- und Kohlenwasserstofffragmente. Diese Teilchen gelangen über verschiedene Transportmechanismen an die in diesem Gasgemisch befindlichen Bauteiloberflächen, die als Kathode geschaltet sind. Dort lagern sie sich über verschiedene Vorgänge, entsprechend ihrer kinetischen Energie an das Substratmaterial oder an die ausgebildete Schichtstrukturen an /80/.

Diese erste Phase führt zu einem Konglomerat sehr unterschiedlich gebundener und angelagerter Teilchen an der Oberfläche. Den massenmäßig größten Anteil an der Abscheidung bei der Verwendung von Kohlenwasserstoffen haben dabei neutrale, angeregte Spezies (Radikale) /110/. Diese Teilchen sind nur schwach gebunden. Für gut haftende Schichten werden hochenergetische Teilchen benötigt, die die Ausbildung besonderer Gefügestrukturen (sp^3-Bindungen) unterstützten oder lokal schwach gebundene Graphit- oder Kohlenwasserstofffragmente durch Abstäuben wieder von der Oberfläche entfernen.

Die aus diesen Beobachtungen abgeleitete Hypothese eines selektiven Abstäubens (preferential sputtering) berücksichtigt die unterschiedlichen Energiestufen, die für diese simultan ablaufenden Vorgänge benötigt werden /80/. Nach Robertson /106/ unterstützt ein (zeitgleicher) Energieeintrag durch nicht unmittelbar an den Abscheidungsreaktionen beteiligter Ionen und ihre katalytische Wirkung den Aufbau der amorphen Schichtstruktur. Matsumoto /111/ zeigte ergänzend, den Einfluß unterschiedliche Gase (Ar und He) auf die Abscheidungsergebnisse auf.

Die primäre Hypothese erklärt jedoch nicht die initiale Ausbildung der sp^3-gebundenen Strukturen. Neben einer gewissen katalytischen und reaktionsunterstütztenden Wirkung der Wasserstoffatome, die bei Zwischenstufen während des Schichtaufbaus die freien Bindungen absättigen, wurde von Angus ein möglicher Reaktionspfad über die Ausbildung von negativen Kohlenwasserstoffionen vorgeschlagen (über tetraedrische Bindungsformen). Yamashita /112/ stellte den Einfluß heraus, der durch Bildung von CH-Radikalen durch Ionenbeschuß einer a-C:H-Schicht entsteht. Röpke /8/ unterstrich dies durch Messungen, die den Anteil verschiedener Teilchenspezies CH und CH^+ für die Abscheidung von Diamant und amorphen Kohlenstoffschichten bestimmten. Dies impliziert eine starke initiale Wirkung von energiereichen Teilchen beim Auftreffen auf die Oberfläche, die auch von Namba /113/ Randahawa /21/ und anderen berichtet wird.
Die primäre Ausbildung der sp^3-Strukturen führt Tsai /109/ auf die Wirkung von Energiedichtespitzen zurück, die bei Auftreffen von Ionen auf die Oberfläche entstehen. Über thermodynamische Beziehungen bei der Diamantbildung untersuchte er die Effekte beim Auftreffen, die lokal und kurzzeitig einen hohen Druck- und Temperaturimpuls in die Oberfläche einleiten. Für Ionen einer Energie von rund 100eV beträgt der von ihm bestimmte thermodynamische Zustand für einen Zeitraum von $7*10^{-11}$s rund 3823K, bei einem lokalen Druck von ~ $1,3*10^{10}$Pa. Nach seiner Arbeit kann dies zu Diamantkeimen von rund 1 nm Durchmesser führen. Weissmantel /22, 95, 114, 115/ weist ebenfalls auf die Bedeutung der thermischen Spitzen für die gewünschte Strukturwandlung hin.

Anwendungsbeispiele für a-C:H-Schichten

Die Eigenschaften dieses außergewöhnlichen Materials werden bereits in verschiedenen Bereichen genutzt /36/. Die optischen Eigenschaften lassen den Einsatz als Schutz- und als Funktionsschichten zu, ihre hydrophobe Eigenschaft als Ummantelung optischer Fasern. Mechanische Eigenschaften führen zu reibungsminimierenden Beschichtungen, z. B. für mechanischen Funktionsteile (Luftlager), aber auch als Verschleißschutz bei magnetischen Speichermedien (Festplatten, Leseköpfe) und für die chemische Beständigkeit bei Turbomolekularpumpen.

3. 4 Kombinationsprozesse und Verbundschichten

Das Interesse industrieller Anwender liegt an dem Materialverhalten, das zum einen optimal an die Anwendung angepaßt ist und die Anforderungen während der Lebensdauer der Bauteile erfüllt, zum anderen an einem minimierten Kostenaufwand bei der Herstellung dieser Materialeigenschaften. Die Kombination mehrerer plasmaunterstützter Verfahren zu einem Prozeß kann zu einem angepaßten Strukturaufbau und damit zu einem optimierten Materialverhalten führen. Gleichzeitig reduzieren sich dadurch die Produktionskosten durch eine kompakte Prozeßführung.

Kombinationschichten wurden bereits vielfach diskutiert und experimentell hergestellt /78, 116, 117, 118, 119/. Sie basieren alle auf ähnlichen Prozeßschemen, die Schichten wurden aber überwiegend mittels PVD-Methoden abgeschieden. Es läßt sich ein charakteristisches Materialprofil ableiten, das die Belastungen und die Materialeigenschaften kombiniert (vgl. Bild **26**). Die grundsätzlichen Einsatzvorteile von Verbundschichten sind:

- die Erhöhung der Schwingungswechselfestigkeit durch eine Thermo-Diffusionsbehandlung; eine Folge der in die Randschicht eingebauten Druckspannungen;
- eine hohe Randhärte, die stetig von der Oberfläche zum Kern abnimmt und die eine optimal an die Belastungsfälle angepaßte Schichtstruktur aufbaut;
- ein zähelastischer Bauteilkern.

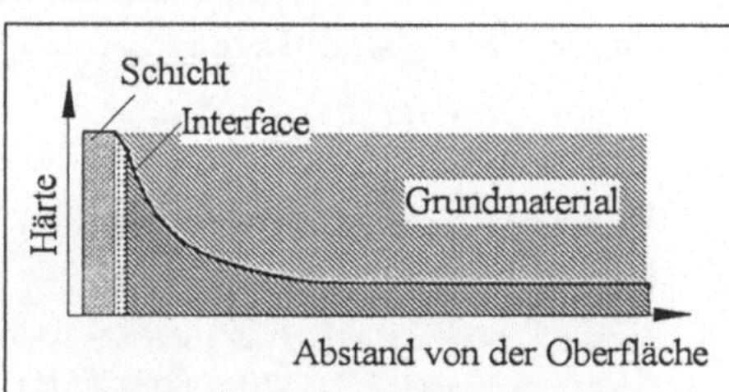

Bild **26** Schematischer Härteverlauf in einer Verbundschicht

Um die dargestellten materialcharakteristischen Vorteile experimentell aufzuzeigen, die sich aus Kombinationsprozessen ergeben, wurde eine Probenserie nitriert und anschließend mit einer PVD-Beschichtung versehen. Hierbei lassen sich leichte Unterschiede gegenüber Verbundschichten feststellen, die durch PACVD-Verfahren abgeschieden wurden (dünne Ti-Zwischenschicht als Interface). Die Wirkung dieser Zwischenschicht auf die Verbundeigenschaften (durch einen Scratch-Test) sind in Bild **28** dokumentiert.Die Ergebnisse der Schichtcharakterisierung (Stift-Scheibe-Verschleißprüfung sind im Bild **27** dargestellt). Sie dokumentieren die praktischen Vorteile der Kombinationsschichten. In diesem Bild sind die REM-Aufnahmen von Spurrillen abgebildet, die bei einem Stift-Scheibe-Verschleißversuch nach rund 1300 Umdrehungen festgestellt wurden (Belastung 5N, T = 20°C, 28% rel. L. Feuchte, v = 7m/s Hartmetallkugel ∅ 5mm). Das Fehlen einer stabilisierenden Diffusionsschicht führt zu einem schnellen und vollständigen Schichtversagen, während ein in sich abgestimmtes System erst bei rund 16000 Umdrehungen erste Versagensmerkmale aufweist.

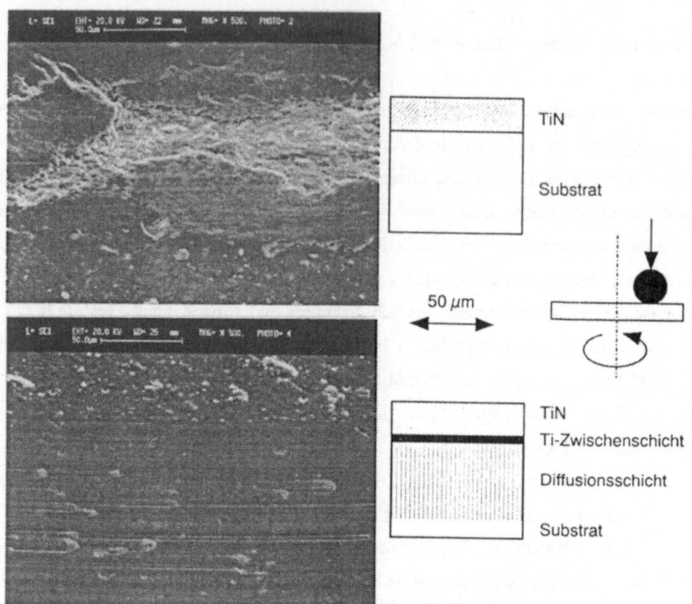

Bild 27 Ergebnisse Stift-Scheibe-Verschleißcharakterisierung

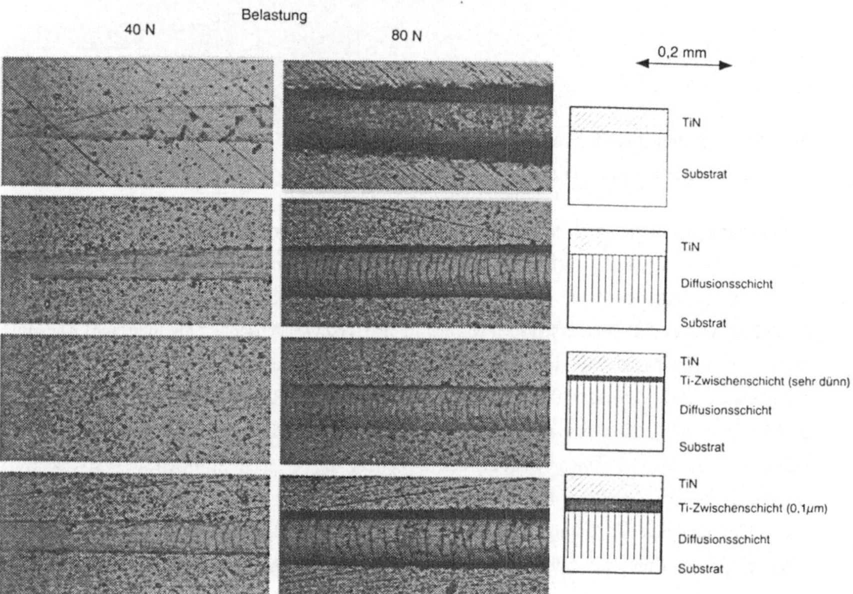

Bild 28 Ergebnisse des Scratch-Tests: Verschleißriefen auf verschiedenen Verbundmaterialien

3. 5 Charakterisierung von Schicht- und Schichtverbundeigenschaften

Die Lebensdauer und die Gebrauchtsfähigkeit eines Bauteils, dessen Oberflächenstruktur als Verbundmaterial ausgeführt ist, werden neben den eigentlichen schichtspezifischen Merkmalen gegenüber einer Beanspruchung stark durch die Haftung der Schichtmaterialien bestimmt. Dabei muß man die Haftung als komplexe Funktion (hier: Summe verschiedener Reaktionsmechanismen auf mögliche Belastungsfälle) verstehen, die zu einem resultierenden Schichtversagen beiträgt. Für eine Charakterisierung ist es daher sinnvoll den Begriff "Verbundfestigkeit" zu verwenden, der die einzelnen Teilaspekte berücksichtigt /86/. Die Größen, die eine unmittelbare Schichthaftung voraussetzen, werden durch die folgenden 3 Bedingungen gegeben:

- die chemische Bindungsform;
- den Gefügeaufbau;
- den Interface-Charakter.

Der prinzipielle Zusammenhalt wird durch zwischenmolekulare Kräfte verursacht, die auch für die chemischen Eigenschaften verschiedener Stoffe verantwortlich sind. Der Aufbau eines strukturellen Zusammenhalts wird dabei durch die Energie der auf die Oberfläche auftreffenden Teilchen bestimmt. Teilchen, die eine Energie zwischen 0,6 und 2,5eV aufweisen, können sich sehr effektiv in die bestehenden Strukturen einlagern. Neutrale Moleküle besitzen eine deutlich geringere Energie, sie lagern sich nur lose an die Struktur an, während energiereiche Ionen in die Strukturen eindringen können /120/. Wichtige chemische Bindungsformen sind die kovalente-, ionische- und metallische Bindung /30, 121/. Spezifische Stoffeigenschaften lassen sich zum Teil aus diesen Bindungsformen ableiten. Teilt man Hartstoffe wie z. B. SiC, TiN, TiC, AlN, FeC, FeN in die zugehörigen Klassen ein /122, 123/, läßt sich auf dieser Einteilung ein dem Anwendungsfall optimal angepaßtes Schichtverbundsystem entwickeln /124/ (vgl. Tabelle 9).

zwischenmolekulare Kräfte	kovalent	ionisch	metallisch
Zähigkeit / Duktilität / Scherfestigkeit	-	-	++
Härte	++	+	-
Temperaturstabilität	++	+	-
chemische Stabilität		++	-
Haftung	-	-	++
Eignung für Schichtbereich	Oberfläche	Oberfläche	Schichtmaterial + Interface

Tabelle 9 Chemische Bindungsformen und ihre Eigenschaften / 122 - 124/
Klasseneinteilung ++ sehr gut, + gut, o ausreichend, - schlecht

Eigenspannungen

Die Gebrauchseigenschaften von Hartstoffschichten werden neben dem Strukturaufbau, z. B. durch ein amorphes Gefüge oder eine Orientierung der Kristallanordnung, die die lokale chemische Korrosionsbeständigkeit bestimmt, auch durch Eigenpannungen in diesen Schichten beeinflußt.

Diese inneren Spannungen werden durch verschiedene Mechanismen hervorgerufen: durch Gitterfehler und Versetzungen in kristallinen Strukturen und an den Korngrenzen /125, 126/; durch thermisch induzierte Spannungen, ausgelöst durch unterschiedliche Ausdehnungskoeffizienten des Schicht- und Substratmaterials bei einer Oberflächenbehandlung (Prozeßtemperatur gegenüber RT erhöht); durch Ionenbeschuß, bei dem in das Gefüge eingelagerte Atome zu Gittersverpannungen führen /23/. Die Eigenspannungen im Übergangsbereich zwischen Schicht und zum Grundwerkstoff müssen als Überlagerung dieser möglichen Effekte verstanden werden.

Es ist daher notwendig, eine Grenzschicht (Interface) aufzubauen, in der auftretenden Kräfte und Spannungen kompensiert werden können. Diese Interfaceausbildung ist für viele Anwendungen von entscheidender Bedeutung. So entstehen z. B. bei der Abscheidung von a-C:H Schichten sehr hohe innere Eigendruckspannungen (bis zu 10GPa /80/), die bei einer ungenügenden Haftung mit dem Grundwerkstoff zu einem plötzlichen Ablösen führen.

Diese Beobachtung wird von vielen Autoren berichtet /80, 82, 88, 127/. In den nebenstehenden REM-Aufnahmen ist dieser Sachverhalt dargestellt (vgl. Bild 29) Das eingesetzte Grundmaterial X155CrVMo12.1 wurde durch einen intensiven Ionenbeschuß (H, Ar, N) gereinigt, die erzielte Haftung war jedoch für die abgeschiedene Schicht nicht ausreichend.

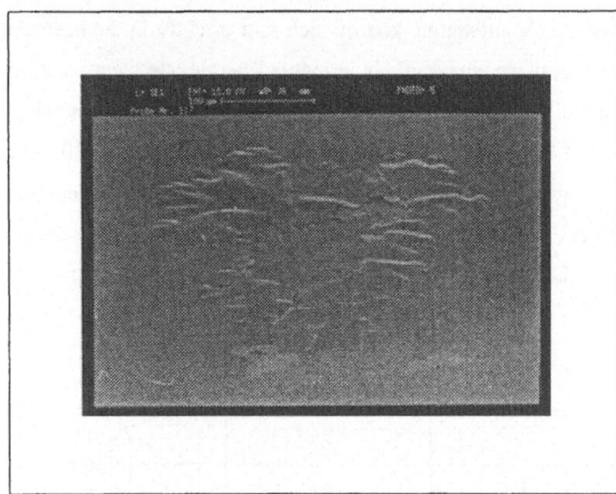

Bild 29 Abplatzung einer a-C:H-Schicht auf einem Stahlsubstrat

Für den praktischen Anwendungsfall muß der Schichtaufbau eine dünne Zwischenschicht aus stickstoffreichen Metallkarbiden und Nitriden aufweisen ($Fe_{2-3}N$, CrC...). Diese erzeugen durch einen Wechsel der chemischen Bindungsforn einen Übergangsbereich, auf der die Schicht optimal haften kann. Eine solche Oberfläche wird durch eine VS-freie Thermo-Diffusionsbehandlung erzeugt, die anschließend durch einen intensiven Ionenbeschuß (Argon und Wasserstoff) aktiviert wird.

Die Formen der Grenzschichten

Das reale Interface (Zwischenschicht) zwischen der Hartstoffüberzug und dem Grundwerkstoff spielt neben der chemischen Bindung der Materialien eine wichtige Rolle. Dabei unterscheidet man nach Mattox /128/ verschiedene Grundformen, die nachfolgend unterschieden werden (vgl. Bild 30). In der Realität treten fast ausschließlich Mischformen auf; die beschriebenen Grenzschichten sind dann diffus gegeneinander abgegrenzt. Dies gilt insbesondere für Zwischenschichten, die durch ionenunterstützte Verfahren erzeugt wurden, und bei denen immer eine Überlagerung verschiedener Effekte erzielt wird.

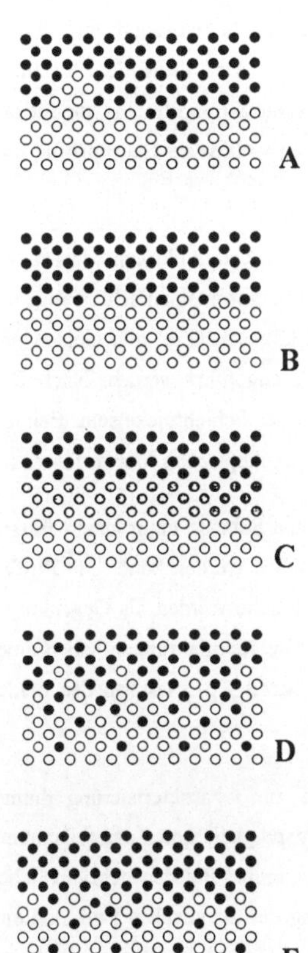

Bild 30 Darstellung charakteristischen Grenzschichten

A: Mechanische Verankerungs-Grenzschicht

Diese Grenzschicht basiert auf einer rein mechanische Haftung der beiden Teilstrukturen, ihre physikalischen Eigenschaften sowie Scherfestigkeit und Dehnungsvermögen bestimmen ihre Haftung.

B: Monolagen Grenzschicht

Ein abrupter Übergang der Materialien, bedingt durch fehlende chemische Bindungen und eine sehr geringe Löslichkeit der Stoffe; Diffusioneffekte treten in Ermangelung ausreichend zugeführter Energie kaum auf; (auch bei Verunreinigung der Grenzschicht).

C: Chemisch gebildete Grenzschicht

Eine chemisch homogene Zwischenschicht charakterisiert diesen Interfacetyp.

D: Diffusionsgrenzschicht

Dieser Typ des Übergangs entsteht, wenn die Kristallstruktur des Substrats und des Beschichtungsmaterials ähnlich ist, eine ausreichende Löslichkeit der Stoffe untereinander vorliegt, sowie die Vorgänge durch ein für den Stofftransport ausreichendes Energieniveau begünstigt werden.

E: Pseudo-Diffusionsgrenzschicht

Die Implantation einzelner Atome in den Grundwerkstoff führt zu der Ausbildung einer scheinbaren Diffusionsschicht Der Effekt wird durch Ionen mit ausreichend hoher kinetischen Energie hervorgerufen, die in die oberflächennahe Randschicht eindringen. Dieser Vorgang wird durch einen weiteren Ionenbeschuß verstärkt, der zu einen hohen lokalen Energieeintrag führt und die Diffusion unterstützt

Prüfung und Charakterisierung dünner Schichten und Verbundstrukturen

Einige wichtige Meßverfahren für die Charakterisierung des Schicht- und Substratmaterialien sowie ihren Verbund werden nachfolgend kurz beschrieben.

Schichtdicke: Eine sich gegenüber der feststehende Probe bewegte Kugel (mit bekanntem ∅) schleift mittels zwischen den beiden Körpern befindlichen Diamantpaste eine Kugelkalotte aus. Diese Kugelkalotte kann mikroskopisch vermessen werden. Die einzelnen Schichten erscheinen als Kreisringe, deren ∅ sich über eine einfache Beziehung zu Tiefen (=Schichtdicken) umrechnen läßt.

Rauheit: optisches Oberflächenmeßgerät (UBM, System UB 16). Das Gerät fokussiert einen Laserstrahl zu einem Punkt von ~1 µm Durchmesser auf der Probenoberfläche. Das Profil der Oberfläche wird als Funktion des reflektierten Lichtanteils ermittelt. Registriert wird die Stromdifferenz, die für eine Nachfokussierung beim Überfahren der Probe benötigt wird. Es können wahlweise Linienprofile oder Flächenkonturen aufgenommen werden.

Mikrohärte: Lichtmikroskop Polyvar Met der Firma Reichert & Jung mit dem Mikrohärtezusatz MD 4000E. Bei diesem System wird die Kraft auf einem Vickersdiamanten elektromagnetisch erzeugt und kann stufenlos zwischen 0,05 und 200 cN aufgebracht werden. Damit können die im allgemeinen problematischen Härtemessungen an dünnen Schichten reproduzierbar durchgeführt werden. Nach DIN 50133 soll die Eindringtiefe t_{HV} des Vickersdiamanten kleiner als 1/10 der Schichtdicke sein. Bei sehr elastischen, dünnen Schichten stößt man dabei an die Grenzen dieses mikroskopischen Meßverfahrens.

Verschleißfestigkeit: Beim Stift-Scheibe-Verschleißprüfstand rotiert eine Scheibe unter einem feststehenden Stift, der mit konstanter Belastungen im Bereich 0,5-10N versehen werden kann. Die Prüfgeschwindigkeit ist bis 10m/s stufenlos einstellbar. Für die Verschleißversuche werden als Gegenkörper Kugeln aus HSS, Hartmetall bzw. Al_2O_3 (hier: ∅ 5mm) verwendet. Die Reibpaarungen haben einen starken Einfluß auf die erzielbaren Ergebnisse. Die resultierende Reibkraft F_R zwischen den beiden Reibpartnern wird über DMS-Kraftaufnehmer gemessen.

Verbundhaftung: Der Scratch-Test ist eine gebräuchliche Methode zur Charakterisierung dünner Schichten. Dabei wird eine beschichtete Probe mit konstanter Geschwindigkeit unter einer Diamantspitze (Indentor) bewegt, während die Last auf den Indentor linear zunimmt. Bei den gebräuchlichen Geräten wird eine kritische Last L_c, bei der eine sprunghafte Änderung der akustischen Emission eintritt, als ein Maß für die Verbundhaftung bestimmt. Die Auswertung dieser Messung für sehr harte, dünne Schichten auf einem weichen Substrat erweist sich als sehr schwierig.

Eindruckprüfung: Rockwell C Härteeindruck. Bei dieser statischen Prüfmethode wird eine Diamantspitze definierter Geometrie (Spitzenradius R=2µm Kegelwinkel β= 15°) mit einer konstanten Last zwischen 50 und 1000N in die Oberfläche des zu prüfenden Bauteils eingedrückt.

Diese hohe Werkstoffbelastung führt zu einer teilweisen Volumenverformung der Bauteilmaterials, bei der die Schicht im Randbereich einer überlagerten mehrachsigen Spannung ausgesetzt wird. Diese radialsymmetrische Belastungsprüfung erlaubt eine schnelle und wirkungsvolle Beurteilung der Schicht- und Schichtverbundqualität, da die Summe der Materialcharakteristika in die Beurteilung der Güte eingehen. Die Ergebnisse der Verbundfestigkeit werden dabei in Klassen eingeteilt, denen verschiedene Versagensmerkmale zugeordnet werden (z. B. Randausbrüche, Rißbildung) /129/ (vgl. Bild **31**).

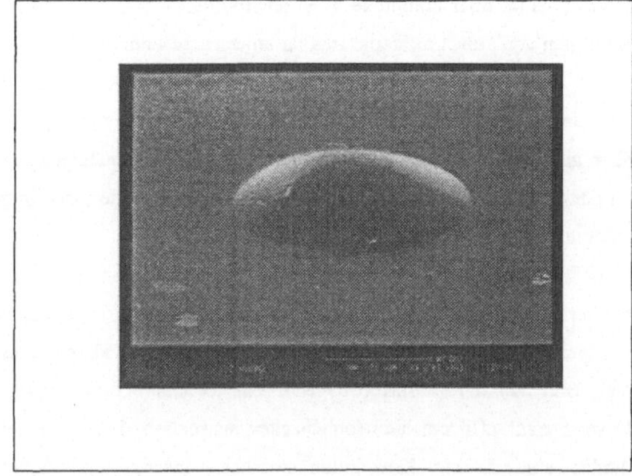

Bild **31** REM-Bild eines Rockwell C Härteeindrucks in einer Verbundschicht.

Gefüge und Oberfläche: Zur Ermittlung des Gefüges müssen Querschliffe der nitrierten und beschichteten Proben angefertigt werden. Dazu wurden die Proben mechanisch getrennt und metallographisch eingebettet. Nach dem Schleifen und Polieren der Oberflächen können Mikrohärtemessungen für die Bestimmung der NhT durchgeführt werden.

Für die Bestimmung der VS-Ausbildung werden die Proben anschließend mit 5%-iger Salpetersäure angeätzt. Die VS bleibt bei dieser Behandlung unversehrt und läßt sich im Lichtmikroskop deutlich von dem angeätzten Grundgefüge unterscheiden. Ergänzend können mikroskopische Untersuchungen an ebenfalls angeätzten Kalottenschliffen durchgeführt werden. Diese Methode ersetzt die aufwendigen Schrägschliffe.

Rasterelektronische Strukturuntersuchungen: Ergänzend zu lichtmikroskopischen Untersuchungen können Verbundschichten hier stärker aufgelöst und damit detaillierter analysiert werden, z. B. Schichtoberfläche, Bruchstruktur oder lokale Störstellen.

4 Basis der in situ-Plasmadiagnostik

Im gesamten Plasmavolumen werden Moleküle und Atome durch Stöße mit energiereichen Elektronen dissoziiert und angeregt. Als Folge davon werden einzelne Teilchen sehr reaktiv und wechselwirken mit anderen Teilchen in der Gasphase oder an der Oberfläche eines Festkörpers; das Plasma läßt sich dann für verschiedenste Aufgaben bei der Oberflächenbehandlung einsetzen.

Die Änderung des inneren Gaszustandes hängt über komplexe Wechselwirkungsmechanismen und die damit verbundene Reaktionskinetik mit den von außen aufgeprägten Parametern zusammen. Von diesen Zusammenhängen werden maßgeblich z. B. die Konzentration der verschiedenen Spezies in ihren Grund- und Anregungsniveaus bestimmt: Basisgrößen wie die Energieverteilungsfunktion der Elektronen (EEVF) oder Ionen, aber auch die spontane Emissionen in einem Volumenelement. Alle Teilchengruppen spiegeln die Charakteristik der vorherrschenden Plasmaaktivität wieder; sie tragen Informationen über den aktuellen inneren Zustand des Prozesses.

Während die Wirkung des Werkzeugs "Plasma" auf die Oberfläche und die randnahe Zone technischer Werkstücke weitestgehend ex situ untersucht werden kann, ist die Plasmaaktivität zeitlich und örtlich unmittelbar mit der Existenz dieses angeregten Gaszustandes verbunden. Diagnostikmethodiken müssen diese Tatsache berücksichtigen (vgl. Bild **32**). Dies führt (oft) zum Einsatz einer berührungslosen optischer Meßtechnik, die, da nicht zerstörend, effizient die Möglichkeiten ausschöpft, Plasmaprozesse in situ zu detektieren. Sie erlaubt, eine direkte Korrelation zwischen inneren und äußeren Prozeßkenngrößen herzustellen.

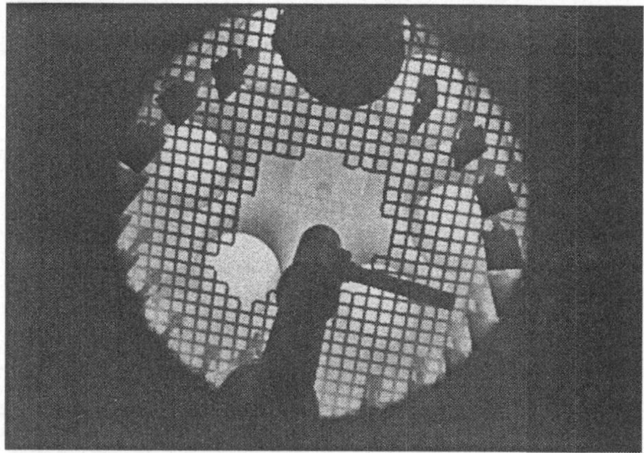

Bild **32** Bauteiloberflächenbehandlung während eines Verfahrensprozesses aus der plasmaaktivierten Gasphase (hier: Reinigen im H_2-Ar-Plasma); Prozeßoptimierung mit Hilfe einer integrierten optischen Plasmadiagnosik. Fraunhofer Institut-IPA-Stuttgart.

4. 1. Aktive und passive optische Plasmadiagnostik

Als Begleiterscheinung der Anregungsvorgänge auf Atomebene treten charakteristischen Emissionen im sichtbaren Spektrum auf; eine Folge der Stoßwechselwirkung der freien Elektronen mit den Elektronen der Atomhüllen sowie als Bestandteil reaktionskinetischer Abläufe (in Plasmen). Diese Emissionen geben Aufschluß über die ablaufenden Reaktionen sowie über Anregungs- und Relaxationsprozesse. Die passive optische Plasmadiagnostik setzt nun in diesem Punkt an, detektiert den inneren Systemzustand als Funktion der spontan emittierten oder rückgestreuten Photonen und bestimmt, ausgehend davon, charakteristische innere Prozeßgrößen. Diese Meßtechnik ist prinzipiell auf die Detektion von Anregungszuständen beschränkt, die zu Emissionen führen /130/. Die Rückstreuung (backscattering) oder auch die Absoptionsspektroskopie liefert dagegen zusätzlich weitere Informationen zu Atom- oder Molekülzuständen.

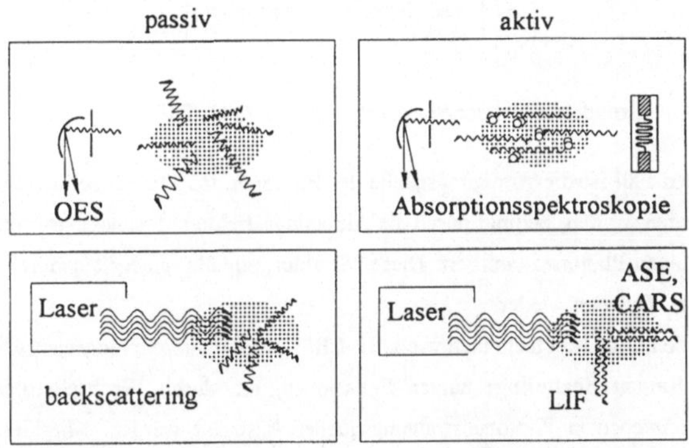

Bild 33 Einteilung der aktiven und passiven optischen in situ-Meßtechniken /131/.

Im Unterschied dazu nutzen aktive optische Diagnostikmethoden Wechselwirkungen der Photonen mit Molekülen oder Atomen; die prinzipielle Beschränkung der passiven optischen Spektroskopie wird umgangen. Diese Meßmethoden erlauben daher, z. B. die strahlungslosen (molekularen oder atomaren) Grundzustände zu bestimmen (LIF vgl. Kap. 4. 6 S. 83), (vgl. Bild 33).

Der Vorteil dieser aktiven Meßtechniken liegt darin, daß grundlegende Prozeßgrößen, die bei den experimentellen Oberflächenmodifikationen nur phänomenologisch erfaßt werden, mit diesen Methoden unabhängig von ihrer sichtbaren Wirkung zu bestimmen sind. Mit diesen ergänzenden Techniken kann man darüber hinaus die Ergebnisse der experimentellen OPAG mit der in situ-Plasmadiagnostik verbinden.

4. 2 Basisprinzip der optischen Emissionsspektroskopie

Die Detektion von Strahlungsquanten als zentraler Bereich der eingesetzten optischen Meßtechnik erfordert eine prinzipielle und praktische Darstellung. Die Ausführungen sollen praxisorientierten Anwendern dieser Technik dienen, und ihnen für weitere Fragestellungen konkrete Literaturangaben, so z. B. Svanberg /131/ oder Janzen /26/, bieten.

Jeder experimentelle spektroskopische Aufbau läßt sich im Prinzip in drei Grundelemente unterteilen. Dieses Schema ist im folgenen Bild (vgl. Bild 34) dargestellt.

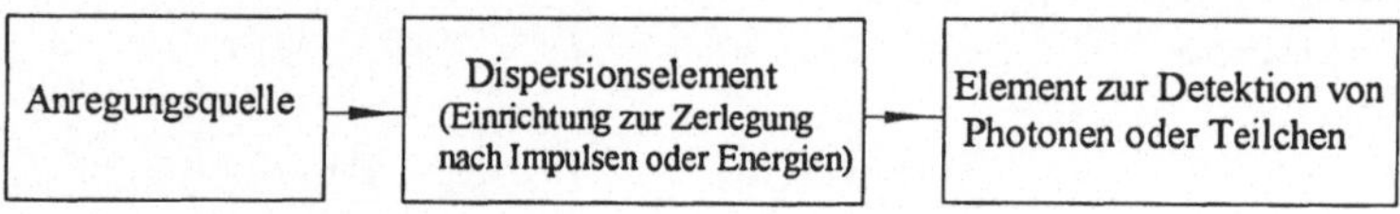

Bild 34 Grundelemente der Spektroskopie nach /131, 26/

Im einfachsten Fall ist die Anregungsquelle der Emission das Plasma selbst (vgl. Kap. 2. 5 S. 36). In diesen Systemen werden, bedingt durch die Anregungseffekte auf molekularer und atomarer Ebene, bei vielen Vorgängen Photonen emittiert. Diese "Strahlungsquelle" spiegelt dadurch den aktuellen Zustand der angeregten Teilchen wieder.

Weitergehende aktive Meßtechniken wie z. B. LIF (Laser Induced Fluorescence) oder CARS (Coherent anti-Stokes Raman Scattering) nutzen Emissionen, die durch Wechselwirkungen entstehen, wenn Teilchen mit intensiven Photonenstrahlungsquellen bestrahlt werden. Mit diesen Methoden werden, abgestimmt über die Wellenlänge der Anregungsphotonen λ_A, gezielt Atome und Moleküle auf höhere Energieniveaus gehoben, die dann bei ihrer Relaxation Photonen einer korrespondierenden Wellenlänge λ_R aussenden. Damit ist es möglich, verschiedene Teilchenspezies in ihren Grundzuständen zu detektieren /130, 132 - 135/.

Dispersive Elemente, Detektoren, apparativer Aufbau und optische Bauteile

Dispersive Elemente haben die Funktion, die zu detektierende elektromagnetische Strahlung spektral zu zerlegen. Die wichtigsten Mechanismen dafür sind Dispersion (wellenlängenabhängiger material-spezifischer Brechungsindex), Refraktion (Brechung), Diffraktion (Beugung), Reflexion, Interferenz und Absorption. In der praktischen Meßtechnik haben sich überwiegend Meßaufbauten mit Gittern etabliert, daher wird die Betrachtung auf diesen Typ reduziert /136, 131/. Bei Gitterspektrographen wird der Effekt der wellenlängenabhängigen Beugung an Reflexionsgittern genutzt.

Für die Intensität I(λ) der vom Objekt O in der Brennebene (Eintrittspalt) abgebildete Beugungsfigur O' gilt die Beziehung **12** (vgl. Bild **35**).

$$I(\lambda) = \frac{\sin^2 x \sin^2\left(N_G\, \delta_G/2\right)}{x^2 \sin^2\left(\delta_G/2\right)} \quad \text{mit } x = 2\pi a B_G/\lambda \quad \delta_G = 2\pi a d_G/\lambda \quad a = \sin\alpha'_G - \sin\alpha_G \qquad (12)$$

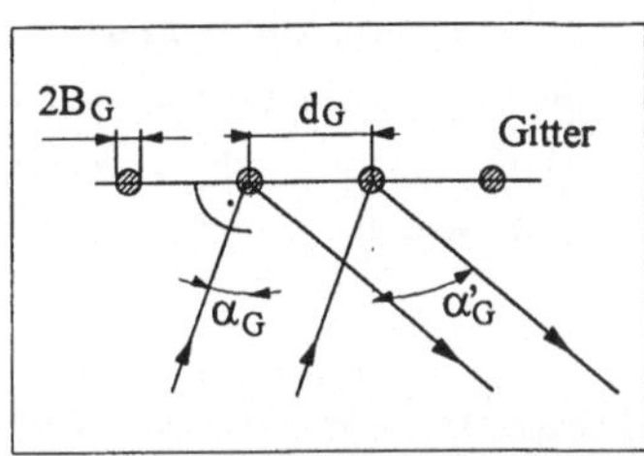

Bild **35** Prinzip der Beugung am Gitter

Die Intensität I(λ) ist also Funktion des einfallenden und des gebeugten Lichtstrahls; δ_G ist der Phasenunterschied der von zwei benachbarten Gitterstrichen unter dem Winkel α'_G ausgehenden Strahlen; N_G die Anzahl der Gitterstriche und $2B_G$ die Breite eines Gitterstrichs; mit α G ist der Winkel des einfallenden, und α' des gebeugten Lichtstrahls zur Gitternormalen bezeichet.

Das Auflösungsvermögen (Δλ/cm) eines Gitters hängt neben der Anzahl N_G der Gitterstriche noch von der Ordnung der Beugung ab, die betrachtet wird. Dies ist durch das Vielfache des Phasenunterschiedes gegeben. Mit zunehmender Ordnung nimmt die zugehörige Intensität deutlich ab. Mit diesem Effekten verbunden ist die spektrale Überlagerung der aufgelösten Spektren in O', die in einigen Wellenlängenbereichen den Einsatz von Filtern notwendig macht /30/.

Detektoren

Für die Detektion von Strahlung sind Meßverfahren entwickelt worden, die den jeweiligen Photonenenergien angepaßt sind. Für die optischen Meßtechniken sind heute zwei Grundverfahren gebräuchlich: Systeme mit Photomultipliern (vgl. Bild **36**) oder auf Halbleiterbasis aufgebaute Elemente.

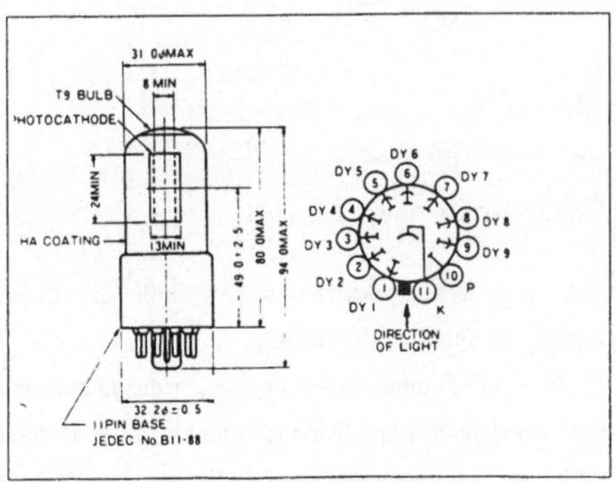

Bild **36** Detektoren: Photomultiplier /137/

Photomultiplier (PM): Trifft ein Photon auf eine Photokathode (elektronenemittierende Schicht), wird mit einer Wirkungseffizienz $\eta < 1$, (quantum efficiency) ein Elektron emittiert. Dieses Elektron wird im elektrischen Feld einer nachfolgend angeordneten Elektronenoptik beschleunigt und erzeugt in einer Kaskade von Dynoden durch Sekundärelektronenemission einen schnell anwachsenden Stromimpuls. Dieser Impuls wird an der Elektrode detektiert.

Halbleiterdetektoren: Das Prinzip der Festkörperdetektoren beruht auf der Nutzung des inneren lichtelektrischen Effekts in Halbleitern (Energieband ca. 1,1eV - 6eV entsprechend 200nm -1100nm). Dabei erzeugen absorbierte Photonen Ladungsträgerpaare aus Elektronen und Löchern, die in diskreten Bauteilen (Sperrschicht- oder feldinduzierte Detektoren) eine der jeweiligen Lichtintensität proportionale Ladung ausbilden. Diese Ladung wird über einen Zeitraum t gesammelt und dann in einem nachfolgenden Schritt ausgelesen.

Halbleiterdetektoren sind oft eine Anordnung einzelner (diskreter) Elemente in Zeilen oder Arrays. Diese Anordnung hat meßtechnisch Vorteile, da bei einem solchen Aufbau nicht nur ein schmales spektrales Band, sondern ein ganzer spektraler Abschnitt auf den Detektor abgebildet wird. Mit diesen Anordnungen erzielt man bei ausreichender spektraler Auflösung wesentliche Zeitvorteile.

Apparativer Aufbau Monochromatoren

Die zu detektierende Emission wird auf den Eintrittspalt abgebildet, der gleichzeitig die Brennebene eines sphärischen Spiegels darstellt. Bei dieser optischen Anordnung wird das reflektierte Licht zu einem Parallelbündel und trifft so auf das dispersive Element (üblicherweise ein Plangitter). Das durch Beugungsdispersion erzeugte Spektrum wird über einen zweiten Spiegel auf den Austrittspalt abgebildet und dort detektiert. Die Selektion der Wellenlänge am Detektor (Austrittspalt) wird über die Verkippung des Gitters erreicht (vgl Bild 37).

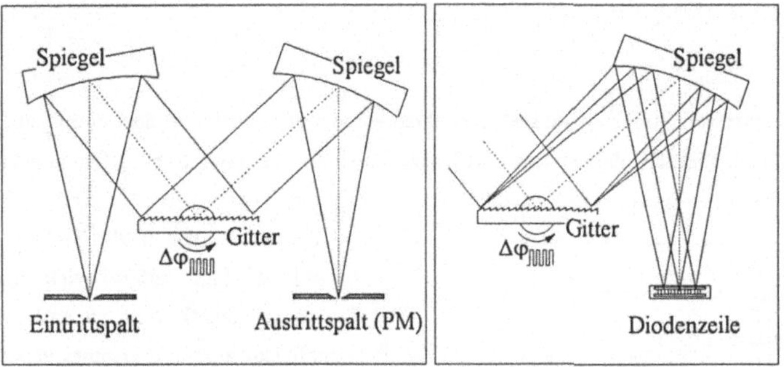

Bild 37 Bauprinzip Monochromator in der Czerny-Turner-Anordnung /138/.

Neben dem beugungsbegrenztem Auflösungsvermögen des Spektroskops beeinflußt die diskrete Schrittweite des Gitterschrittmotors und die Spaltbreite die spektrale Auflösung.

Bei der Verwendung eines Halbleiterdetektors (z. B. CCD-Diodenarrays) begrenzen die Dimensionen der einzelnen Pixel (Dioden) das Resultat. Das verwendete System (Monochromator-Gitter-Detektor) muß von der Auflösung auf den benötigten Meßeinsatz abgestimmt werden. Es ergeben sich aber meßtechnische Vorteile (Zeitvorteile), da im Gegensatz zu einem PM je Meßtakt ein ganzer spektraler Wellenlängenbereich erfaßt wird, und zeitliche Veränderungen effektiv registriert werden.

Die Entwicklung der Mikroelektronik (hinsichtlich des Preis/Leistungsverhältnisses) haben dazu beigetragen, daß verstärkt diese Form der Detektoren eingesetzt wird. Für die zukünftigen Aufgaben bei der Prozeßüberwachung und Steuerung, aber auch bei Entwicklungsroutinen, bieten diese Systeme den Vorteil, daß die Signale digital verarbeitet werden und über entsprechende Schnittstellen verfügen. Üblicherweise werden mit der Auswertungssoftware Routinen und Ablauf-Module mitgeliefert, die es erlauben, die Datenauswertung effektiv durchzuführen. Standartisierte Meßabläufe oder Regelalgorithmen können damit zuverlässig und reproduzierbar realisiert werden.
Die Ausrüstung eines Spektrograph mit einer Kombination aus einem Photomultiplier als auch mit einer Halbleiterdetektoreinheit stellt eine optimale Konfiguration dar, da ein Einsatz sowohl in der Prozeßentwicklung als auch in der Produktionsüberwachung ermöglicht wird.

Optische Bauelemente, Lichtleitsysteme

Die zu detektierende Strahlung muß mit geeigneten Mitteln aufgefangen (gesammelt) und möglichst verlustfrei bis zum Spektrograph geleitet werden. Für diesen Transport der zu zerlegenden Strahlung werden optische Elemente verwendet (Linsen, Prismen, Parallelplatten, Spiegel). Aus Kostengründen realisiert man den notwendigen Aufbau mit Standardelementen. Der prinzipielle optische Aufbau, mit der Möglichkeit einer räumlichen Auflösung, ist in Bild **38** dargestellt. Jedes dieser Elemente hat eine wellenlängenabhängige Charakteristik, die bei der Auswahl beachtet werden muß (Reflexionscharakteristik der Spiegel, Transmission der Linsen und Glaselemente). Der dargestellte Aufbau läßt sich für kleine Forschungsreaktoren, die über geeignete Fenster verfügen, einfach realisieren, da sie über geeignete Durchführungen (für Stoff und Strahlung) verfügen. Die Umsetzung dieses Aufbaus für Reaktoren für den industriellen Einsatz stellt dagegen bereits sowohl von den Dimensionen her ein konstruktives Problem dar. Darüber hinaus müssen Randbedingungen durch, z. B. optische Geometrien (Einsatztemperatur..) berücksichtigt werden. Der Einsatz von Lichtleitsystemen in Form von Glasfasen ermöglicht technisch einfache Meßaufbauten. Diese Elemente haben hohe Transmissionsverluste /139/, reduzieren jedoch die Reflexionsverluste in optischen Übergängen (Linsen/Luft). In Kapitel **5. 2** (S. 89) ist ein realisiertes Meßsystem dargestellt.

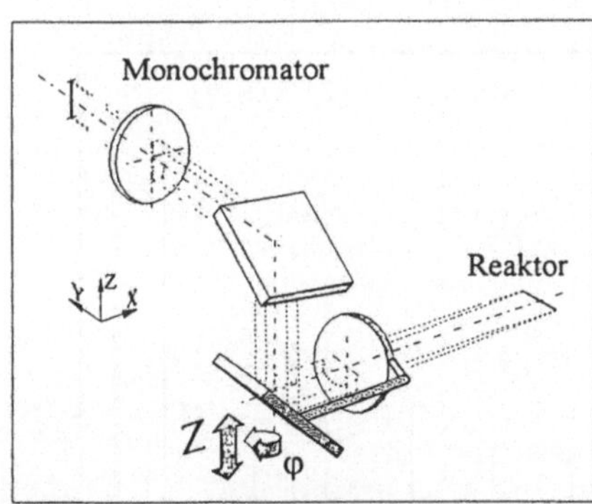

Bild **38** Optischer Aufbau für räumlich aufgelöste Messungen

4. 3 Meßtechnische Methodik der passiven OES

Angeregte Moleküle oder Atome geben bei verschiedenen Vorgängen Energie in Form von Photonen ab; sie hinterlassen damit charakteristische und spezifische Spuren (Informationen), die unterschiedlichen Meßzwecken dienen.

In (nichtisothermen Niederdruck-) Plasmen dominieren Anregungseffekte durch Stoßvorgänge mit freien Elektronen (vgl. Kap 2. 4 S. 31). Zu den damit verbundenen Folgephänomenen zählen Relaxationsvorgänge. Die angeregten Teilchen sind instabil und fallen nach einer gewissen Verweildauer in ein niedrigeres Energieniveau $E_j \rightarrow E_i$; bei diesem Vorgang emittieren sie spontan Photonen der überschüssigen Energiedifferenz $E_{ji} = E_j - E_i = h\,\nu_{ji} = {hc}/{\lambda_{ji}}$. Die Intensität der zugehörigen charakteristischen Emissionswellenlänge λ_{ji} gibt daher Aufschlüsse über die inneren Prozeßvorgänge im Reaktor. Die Untersuchung von Emissionen aus solchen Systemen lassen aber auch Rückschlüsse auf die chemischen Reaktionen zu. Die passive optische Emissionsspektroskopie erlaubt prinzipiell nur die Messung angeregter Atom- oder Molekülzustände /124, 30, 131, 155/. In Bild 39 ist das Emissionspektrum einer mikrowellenangeregten Glimmentladung (P = 40W, p = 250Pa, QV = 200 sccm, Gasmischung $\Phi_N{}'''$ = 80%Ar + 0,2(90%N_2 + 10%H_2)) abgebildet. Neben Ar-Atomlinien lassen sich vor allem N_2-Molekülspektren (Schwingungs-Rotationsbanden) erkennen, die u. a. zur Bestimmung der Gastemperatur genutzt werden können (vgl. Kap. 4. 7 S. 85).

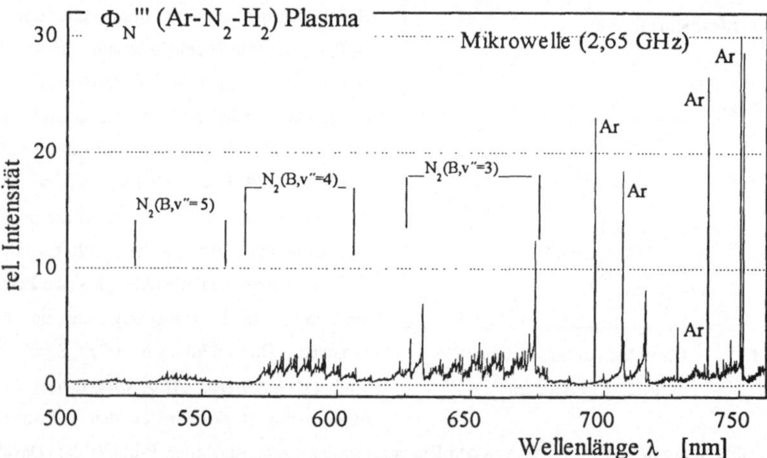

Bild 39 Optisches Emissionsspektrum (500-760nm) eines durch Mikrowellen angeregten $\Phi N'''$(Ar-N_2-H_2) Plasmas. Post-Glimmentladungen aus z. B. solchen Systemen, werden zunehmend zur Nitrierung empfindlichen Bauteiloberflächen verwendet. Sie bieten die Vorteile einer hohen Reaktivität der Gasphase, ohne daß Ionenbeschuß der Oberflächen auftritt.

Konzentrationsmessung

Die Konzentrationen der untersuchten Spezies in ihrem Grundzustand muß über verschiedene Kenngrößen ermittelt werden; so über die Elektronendichte n_e, und den Anregungskoeeffizienten k_{eM} für Emission durch Elektronenstöße. In einigen Fällen lassen sich aber direkt, bedingt durch die elektronenstoßinduzierte Anregungs- und Folgeeffekte auf molekularer und atomarer Ebene, Korrelationen zwischen der OES und den Basisvorgängen (physikalisch-chemische Phänomene, Reaktionskinetik) aufzeigen. Diese Ergebnisse können durch unabhängige Meßverfahren überprüft und quantitativ bestätigt werden (z. B. Versuchsergebnisse mit Laser-induzierter Fluoreszenz (LIF) in der post-Glimmentladung /140, 141/).

Wenn der prinzipielle Anregungsmechanismus für Emission aus der Kollision zwischen Elektronen und Atomen oder Molekülen im Grundzustand besteht und der Vorgang in einem optisch dünnen Medium stattfindet, dann kann die Intensität einer Spektrallinie berechnet werden /30, 130, 142, 143/. Die zugehörige Gleichung lautet:

$$I(\lambda_{ji})_X = \frac{1}{4\pi}[X]\, n_e\, k_{eM}\, h\nu_{ji}\, \frac{A_{ji}}{A_r} \quad \text{mit } h\nu_{ji} = \Delta E_{ji} = hc/\lambda_{ji} \tag{13}$$

Dabei wird die Intensität $I(\lambda_{ji})_X$ einer Spektrallinie eines Atoms oder Moleküls X aus der Konzentration der Atome oder Moleküle in seinem Grundzustand [X] multipliziert mit der Elektronendichte n_e und dem Koeffizienten k_{eM} und der Anregung durch Elektronen bestimmt. Dieser Koeffizient berechnet sich aus dem Integral des energieabhängigen Wirkungsquerschnittes für die Initiierung durch Elektronenstoß $\sigma_e(E)$ (Wirkungsquerschnitte für Emission vgl. Bild **40**) und der Geschwindigkeitsverteilungsfunktion der Elektronen ν_e. Mit dem folgenden Term wird das einzelne Photon der Energie $h\nu_{ji}$ sowie der zugehörige Koeffizienten der spontanen Emission A_{ji} beschrieben. Da die Anregung nicht nur direkt über Elektronenstöße, sondern eventuell auch über Zwischenstufen (Kaskaden) aus höherenergetischen Niveaus erfolgen kann, berücksichtigt man dies über den Korrekturfaktor A_r in Gleichung **13**.

$$k_{eM} = \langle \sigma_{eM}\, \nu_e \rangle = \int_0^{\infty} \sigma_e(v)\, \nu_e(v)\, dv \tag{14}$$

Nach Suzuki /144/ kann man diesen Ausdruck bei bekannter Elektronenenrgie kT_e vereinfachen, wenn u. a. die Bedingung $kT_e \ll E_\varepsilon$ erfüllt ist (E_ε spezifische, minimale Energieschwelle einer Anregung (threshold energy)). Das ist gleichbedeutend mit einem Funktionsmaximum der Elektronen-Energieverteilungsfunktion deutlich unterhalb des Schwellenwertes der direkten Stoßanregung (vgl. Kap. **2.**). Diese Voraussetzung ist in nichtisothermen, schwach ionisierten Plasmen oftmals gegeben. In einem solchen Fall ergibt sich mit $k_{eM} \cong K(kT_e)$ folgender Ausdruck:

$$K(kT_e) = \sqrt{kT_e}\,(E_\varepsilon + kT_e)\,e^{-E_\varepsilon/kT_e} \tag{15}$$

Die Gleichung **13** stellt den prinzipiellen Zusammenhang zwischen den auftretenden Emissionen in einem Photonen emittierenden Plasmavolumen und der detektierbaren Intensität dar. In der Praxis ist dieser Ausdruck nur beschränkt einzusetzen, da viele Koeffizienten nicht bekannt sind oder durch weitere Anregungsfaktoren oder Mechanismen (z. B. quenching) verändert werden /144, 145/.
Darüber hinaus sind die dafür notwendigen Messungen (absolute line intensity) in der Praxis sehr aufwendig und eignen sich daher nicht für einen praktischen Einsatz.

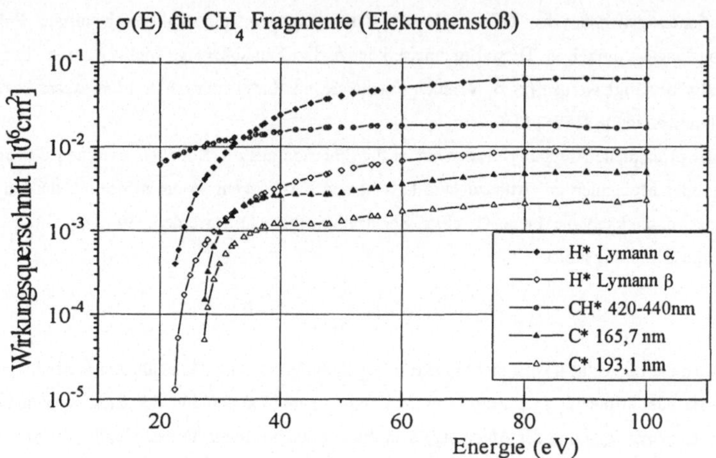

Bild 40 Energieabhängige Wirkungsquerschnitte für Emission durch Elektronenstöße mit CH_4-Fragmenten (vgl. auch Anhang I, Bild **95**) /146 - 154/

Die aus dieser Problematik abgeleitete Konsequenz führt zu den relativen Intensitätsmessungen, bei denen unmittelbar nur Konzentrationsunterschiede als Folge einer Prozeßparameteränderung bestimmt werden. Die Kalibrierung eines zugeordneten Konzentrationsmaßstabes muß aber über die Auswertung ergänzender in situ Plasmadiagnostiken erfolgen. In diesem Punkt verknüpfen sich die verschiedenen, Meßtechniken, da erst Ergebnisse sich ergänzender aktiver und passiver Plasma-Diagnostikmethoden einen Systemzustand eindeutig beschreiben.

Messung relativer Intensitäten

Plasmacharakteristische Kenngrößen können sehr effizient mit Hilfe der OES durchgeführt werden. Die Basis dazu stellen die relativen Intensitätsmessungen ausgewählter Atomlinien oder Molekülspektren dar. Ein wichtiger Teilaspekt dieser Meßtechnik liegt darin, prozeßrelevante Emissionslinien aufzufinden und zu bestimmen. Dies ist die zentrale Aufgabe der grundlagenorientierten Plasmadiagnostik (passive OES).

Die Ergebnisse dieser Untersuchungen geben die mögliche Informationstiefe vor. Dies muß so verstanden werden, daß das Verhalten dieser Emissionslinien unter optimierten (von Randstörungen unabhängigen) Versuchsbedingungen als Funktion der Prozeßgrößen untersucht wird. Beim Übergang zu einer anwendungsorientierten Plasmadiagnostik versucht man dann eine Korrelation zwischen den bekannten Ergebnissen und dem Anwendungsfall herzustellen. Die Detektion selektierter Emissionslinien ermöglicht es, während der praktischen Entwicklungsarbeit eine effektive, prozeßbegleitende Plasmadiagnostik durchzuführen. Emissionen, bei denen eine ausreichende Informationstiefe zwischen dem inneren Zustand des aktivierten Gases und dem phänomenologischen Ergebnissen - auch in dieser Phase - bestätigen werden, können für qualitätssichernde Maßnahmen unter Produktionsbedingungen eingesetzt werden.

Relative Intensitätsmessungen aufzunehmen bedeutet, Veränderungen gegenüber (mindestens) einer Änderung einer Prozeßkenngröße zu detektieren, an die Relationen zur praktischen Oberflächenbehandlung geknüpft sind. Ein ursprünglicher Zustand (primärer Ausgangszustand) dient dabei als Bezugsmaß und stellt die benötigte Vergleichsgröße zu den prozeßoptimierenden Veränderungen her.

Ein aktuelles Beispiel hierfür ist die Untersuchung verschiedener Plasmaquellen und ternärer Gasmischungen $\Phi_N'''(Ar\text{-}N_2\text{-}H_2)$, für die Nitrierung empfindlicher Oberflächen in post-Glimmentladungen. Mit diesem Begriff soll ein Gasbereich bezeichnet werden der in ausreichender Entfernung zur Plasmaquelle ist, und in dem keine Stoßanregung durch Elektronen mehr stattfindet. So ist im Bild **41** der ermittelte Verlauf der Stickstoffemission (N_2 (B,v''= 4)) als Funktion der Gaszusammensetzung dargestellt. Aus diesen Ergebnissen können optimierte Prozeßbedingungen abgeleitet werden.

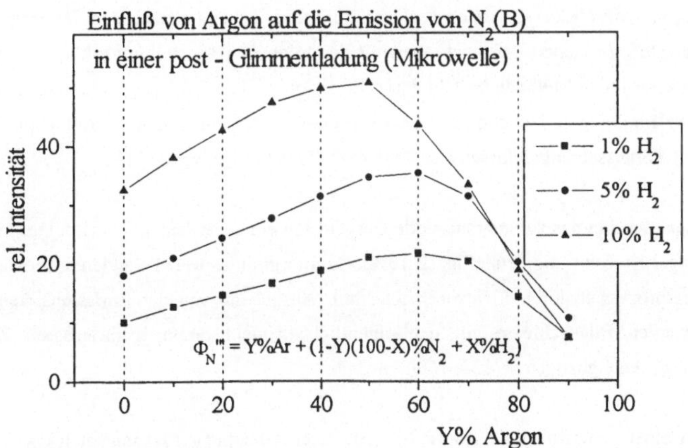

Bild **41** Relative Intensität der N_2 (B,v''= 4)-Emissionen als Funktion der Gaszusammensetzung. Gasaktivierung durch ein mikrowellenangeregten Plasma. Der Meßort befindet sich außerhalb des Anregungsbereiches /141/.

Nach Untersuchungen von Ricard /75/ besteht in post-Plasmen, d. h. in Bereichen ohne Elektronenstoßanregung für diese N_2-Molekülbande, eine direkte Korrelation zur Konzentration der N-Atome in ihrem Grundzustand. Vor diesem Hintergrund und mit OES-Ergebnissen aus verschiedener Plasmaquellen läßt sich z. B. das Nitrierpotential für vorgesehene Anwendungsfälle sehr effektiv bestimmen /73/.

Einsatz relativer Emissionsintensitäten für die Prozeßregelung

Der Einsatz dieser Meßtechnik (OES) erlaubt es, die relative Veränderung prozeßrelevanter Emissionsintensitäten unmittelbar zu einer Prozeßregelung heranzuziehen. Die detektierten Emissionsparameter können bei bekannten Parameterkennlinienfeldern als Funktion der äußeren Größen, z. B. zum Erhalt eines Gleichgewichtszustandes reaktiver Gase, verwendet werden. Zu diesen Zweck detektiert man z. B. die Emissionen einer prozeßrelevanten Spezies (charakteristischer) Wellenlänge und stabilisiert den Prozeß mit schnellen Massenfluß-Reglern auf ein konstantes Niveau /156/.

Aktinometrische Konzentrationsmessung

Eine weitere Möglichkeit dieser Technologie besteht im Einsatz der Aktinometrie. Diese Meßtechnik wurde zuerst von Coburn und Chen /50/ vorgeschlagen und später von anderen Arbeitsgruppen aufgegriffen und in unterschiedlichen Anwendungsfällen bestätigt /8, 45, 157 - 160/. Im Prinzip erlaubt diese Methode die Messung einer Konzentration von Teilchen in ihrem energetischen Grundzustand (emissionslos) mit Mitteln der Emissionsspektroskopie. Dies scheint zunächst im Widerspruch zu den Prinzipien der OES zu stehen, läßt sich aber mit der folgenden Darstellung erklären (sowie experimentell nachweisen). Die Methode besteht darin, Emissionen eines Edelgases bekannter Konzentration in Relation zu Emissionslinien anderer, reaktiver Gase unbekannter Konzentration zu setzen. Mit nachstehenden Voraussetzungen lassen sich dann die beiden Größen verknüpfen.

Für die Messung wird in das zu untersuchende Gasgemisch ein zusätzliches Gas (Edelgas meist Argon, Helium) geringer Konzentration zugefügt (2-10%). Damit nimmt es wie alle anderen Teilchen direkt an den Anregungsprozessen durch Elektronenstöße teil. Ausgehend von der Emissionsintensität dieser Gasspezies werden Rückschlüsse auf den eigentlichen, nicht direkt kalibrierbaren Zustand der reaktiven Komponente gezogen /8, 134, 160/.

Die Intensität einer Emissionslinie (Stoff A) $I(\lambda)_A$ nach Gleichung **13** kann zu $I(\lambda)_A = n_A \eta_A$ vereinfacht werden; n_A stellt die Konzentration der Teilchengruppe A im Grundzustand und η_A die Anregungseffizienz für das zugehörige Strahlungsniveau dar. Unter der ersten Annahme eines konstanten Quotienten der Anregungseffizienz der beiden betrachteten Teilchengruppen A und B ($\eta_A/\eta_B = K$) können die beiden Intensitäten ins Verhältnis gesetzt werden:

$$\frac{n_A}{n_B} = K\frac{I(\lambda)_A}{I(\lambda)_B} \qquad (16)$$

Die geforderten Bedingungen werden erfüllt wenn:

- E_ε, die spezifische Schwelle der Anregungsenergie der beiden betrachteten Spezies ähnlich ist (threshold energy) bei Anregung vom Grundzustand;
- der Verlauf der Wirkungsquerschnitte für Anregung durch Elektronenstoß ähnlich sind (vgl. Anhang II Bild **96**) Wirkungsquerschnitte z. B. H, H_2 ($b^3\Sigma_u^+$ und $C^1\Pi_u$);
- die Elektronentemperatur (Energie eV) geringer ist als die minimale Anregungsschwelle E_ε. In diesen Fall ist nur der exponentiell abfallende Teil der Elektronen EVF für eine direkte Anregung maßgeblich.

Spezies	Anregungs-schwelle [eV	Wellenlänge in nm	korrespond. Teilchen	Wellenlänge in nm	
Ar	13,5	750,4	CH	431,5	/8/
CH	12,2	431,5	Hβ	486,3	/8, 42/
N_2(C', v'=0 v''=2)	11,2	337,1	Ar	750,4	/160/
N_2	11,1	337,1	CO	229,7	/159/

Tabelle **10** Werte für aktinometrische Untersuchungen (Auszug)

Unter den dargestellten Voraussetzungen sollte der Quotient $Q(I(\lambda)_A/I(\lambda)_B)$ der beiden Emissionsintensitäten eine nur von den Konzentrationen der beiden Stoffgruppen abhängige Größe ergeben. Veränderungen, die als Folge der Prozeßführung auftreten, müssen sich als eine relative Änderung der Quotienten erfassen lassen.

In der Praxis stellt sich die Ermittlung des Quotienten unkritisch dar. Für einen vorgegebenen Versuchs- und Maßaufbau ist es sinnvoll, aber nicht erforderlich, die wellenlängenabhängige Meßgerätecharakteristik zu berücksichtigen. Für eine Abschätzung des Verhältnisses des angeregten Vergleichsgases (hier: Ar-Atome) und ihrer Konzentration im Grundzustand wird von Petitjean /160/ bei einem Ar-Anteil von 1% am Prozeßgas, eine Teilchendichte ca. $10^8 cm^{-3}$ angegeben. Prozeßparameter: Puls-DC, p = 250Pa, f_{DC} = 1kHz, P_D = 50ms. Gaszusammensetzung: ΦN''' 1%Ar + 0,99(80%H_2, 20%N_2).

In Bild **42** sind Ergebnisse einer Untersuchung zum Einfluß des Argonanteils im Prozeßgas abgebildet. Aktinometrische Messungen (die Quotienten relativer Emissionsintensitäten) als Funktion des Stromes und des Argonanteils zeigen deutlich den Einfluß auf die Änderung der inneren Plasma-Charakteristik. Die Quotientenbildung stellt die relativer Konzentrationsänderungen wichtiger Teilchenspezies sowie innere Prozeßgrößen dar (vgl. Tabelle **11**).

Quotienten	Korrelation zu:	Lit. Referenz
$I_{H\alpha} / I_{H\beta}$	relative Elektronentemperatur, relative elektroneninduzierte Aktivität	/87/
I_{CH} / I_{Ar}	relative Konzentration der CH-Teilchen	/46/
$I_{H\beta} / I_{Ar}$	relative Konzentration der H-Atome	/8/
I_{N_2} / I_{Ar}	relative Konzentration der N-Atome	/160/

Tabelle **11** Quotienten relativer Emissionsintensitäten und ihrer Korrelation zu inneren Plasmaparametern (Bezug: CH-Spezies $A^2\Delta \rightarrow X^2\Pi$, 431,4nm; Ar $3p^2 \rightarrow 4s$, 750,4nm; H-Balmer-α, 656,2nm; H-Balmer-β, 481,1nm; (vgl. Tabelle **13** im Anhang))

Das Ergebnis dieser Versuchsreihe zeigt sehr deutlich die komplexen Verhältnisse in einem Ar-H_2-CH_4-Plasma auf. Die Elektronentemperatur ändert sich als Funktion der Gaszusammensetzung. Die Entwicklung der CH-Anteile und der H-Konzentration im Prozeßgas ist mit diesen Veränderungen verknüpft. Der relative atomare Wasserstoffanteil erhöht sich für einen niedrigen Argonanteil stromabhängig, während die CH-Konzentration (unterschiedlich nivelliert durch die Argonanteile) abnimmt (vgl. Bild **42**). Diese Entwicklung verdeutlicht, wie sich die Plasmacharakteristik in Abhängigkeit eines Prozeßgases verändert.

Die Plasmaparameter waren: Puls-DC, T = 250°C, p = 50Pa, U = 650V, f_{DC} ~ 1kHz, Q_V = 360sccm, $I(P_D)$ = 0,2 - 1,6A, Gasmischung: Φ_N''' = X%Ar+(1-X)(75%H_2+25%CH_4).

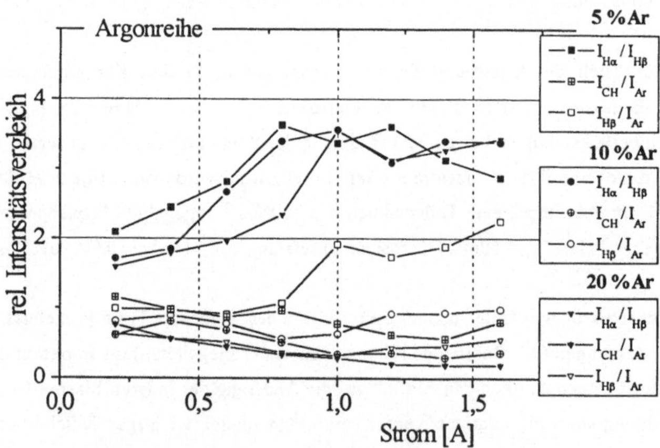

Bild **42** Einfluß des Argonanteils auf die inneren Prozeßzustände: Ergebnisse aktinometrischer Messungen; Quotienten relativer Emissionsintensitäten als Funktion der Stromstärke und des Argonanteils an der Gaszusammensetzung

Bestimmung der Elektronentemperatur

Die Elektronentemperatur T_e stellt eine zentrale Größe für alle plasmaunterstützten Prozesse dar, da sehr viele physikalisch-chemische Reaktionen in diesen Gassystemen durch Elektronenstöße initiiert werden (vgl. Kap. **2. 4** S. 31). Üblicherweise wird diese Größe mit Hilfe von Sonden (z. B. Langmuirsonden) erfaßt, /6, 26/ die jedoch auch Nachteile aufweisen, so z. B. eine mögliche Überschichtung, notwendige Kalibrierung, Induzierung von Störungen /161/.

Diese Plasmakenngröße kann aber auch mit Mitteln der optischen Plasmadiagnostik bestimmt werden /182, 162, 163 - 166/. Allen Ansätzen ist gemeinsam, daß sich die "absoluten" Werte mit diesen Methoden nur sehr schwierig ermitteln lassen. Die Limitierung der Meßgenauigkeit liegt in der geringen Energiedifferenz der betrachteten Anregungenergien (Niveaus, die in den exponentieller Term der Gleichung **17** eingehen), aber auch in der wellenlängenabhängigen Nichtlinearität des optischen Meßaufbaus begründet /24/.

Die Bestimmung der relative Elektronentemperatur (besser: dessen zugeordneten Wert einer Maxwell-Verteilung) auf der Grundlage einer relativen Analyse zweier Emissionslinien der gleichen Atom- oder Molekülsorte (sowie des gleichen Ionisationsgrades) wurde ursprünglich von Sommerville /162/ diskutiert. Die Basis dazu stellen die Gleichungen **13** und **16**; sie verbinden die Emissionsintensitäten zweier angeregter Spezies (hier A, B), unter Berücksichtigung der Belegung der Anregungsniveaus /87/.

$$\frac{I(\lambda)_A}{I(\lambda)_B} \sim \frac{\nu_{(A)}}{\nu_{(B)}} \frac{g_{ji(A)}}{g_{ji(B)}} \frac{A_{ji(A)}}{A_{ji(B)}} e^{-\frac{E_A - E_B}{kT_e}} \qquad (17)$$

In diesem Term sind $I(\lambda)_A$, $I(\lambda)_B$ die gemessenen Emissionsintensitäten der Linien A und B; ν_A, ν_B die den Wellenlängen $\lambda(A)$, $\lambda(B)$ zugehörigen Energien des Übergangs ($1/\nu = \lambda = 1{,}24*10^{-4}$cm / E[eV] in [cm^{-1}]) verknüpft. Mit $g_{ji(A)}$, $g_{ji(B)}$ sind die statistische Gewichtsfaktoren (Entartungsfaktoren) der Niveaubelegung und $A_{ji(A)}$, $A_{ji(B)}$ die zugehörige Wahrscheinlichkeit für spontane Emission beschrieben. Die benötigten Werte lassen sich für eine Vielzahl von Stoffen in Datensammlungen finden. In Tabelle **12** sind benötigte Daten für Wasserstoff und Helium zusammengestellt.

H_α (λ = 655,28 nm)	H_β (λ = 486,13 nm)	He_1 (λ = 492,2 nm)	He_2 (λ = 667,8 nm)
$\nu_{(H\alpha)}$ = 15 237,4 cm^{-1}	$\nu_{(H\beta)}$ = 20570,5 cm^{-1}	$\nu_{(He1)}$ = 20 316,9 cm^{-1}	$\nu_{(He2)}$ = 14 974,5 cm^{-1}
$g_{ji(H\alpha)}$= 18	$g_{ji(H\beta)}$= 32	$g_{ji(He1)}$= ~ 1	$g_{ji(He2)}$= ~ 1
$A_{ji(H\alpha)}$ = 4,410*10^7 1/s	$A_{ji(H\beta)}$= 8,419*10^6 1/s	$A_{ji(He1)}$ = 2,02*10^7 1/s	$A_{ji(He2)}$= 6,38*10^7 1/s
$E_{(H\alpha)}$ = 97 492 cm^{-1}	$E_{(H\beta)}$ = 102 824cm^{-1}	$E_{(He1)}$ = 191290 cm^{-1}	$E_{(He2)}$ = 185967cm^{-1}

Tabelle **12**: Werte für die Berechnung der Elektronentemperatur /161, 87, 144/

4. 4 Aktive, laserunterstützte optische Plasma-Diagnostik

Obwohl man mit den passiven optischen Plasmadiagnostiktechniken eine Vielzahl der benötigten inneren Größen bestimmen kann, sind ergänzende Meßmethoden notwendig /130/. Diese Methoden erlauben es, die Ergebnisse passiver optischer Meßmethoden zu verifizieren und quantitativ einzuordnen. Hauptsächlich aber lassen sich weitere, ergänzende Korrelationen zwischen den plasmabestimmenden Größen und den phänomenologischen Egebnissen aufzeigen /131/.
Leider beschränkt der benötigte Aufwand dieser Meßtechnologie die Einsatzmöglichkeiten in der Praxis. Das größte Problem liegt in der Bereitstellung abstimmbarer Laser (Wellenlängen 180-600 nm) für die Anregung von Atomen und Molekülen durch Photonen. Der hierfür benötigte apparative und personelle Aufwand ist sehr hoch (Erfahrung des Bedienungspersonals, Einsatz für die Prozeßentwicklung...). Das bedeutet, daß die Kosten/Nutzen-Relation z. Z. wirtschaftlich nur in sehr wenigen Fällen (Grundlagenforschung) vertreten werden kann /11, 9/. Diese Methoden haben aber zukünftig einen sehr hohen Einsatzwert, wenn es gelingt, die vorhandenen Probleme (Vereinfachung der benötigten Laseraufbauten) zu lösen.

Wellenlängenabstimmbare Laser

Die Bereitstellung monochromatischen Lichts einer gewünschten Wellenlänge für den spektroskopischen Einsatz erfolgt überwiegend über den nachfolgend schematisch dargestellten Aufbau (vgl. Bild **43**). Dieser ist komplex aufgebaut, teuer und betreuungsintensiv. Neue Ansätze, die nichtlineare Effekte in Kristallen nutzten, um kohärentes Licht innerhalb eines gewissen Wellenlängenbereiches zu erzeugen, befinden sich noch in der Entwicklungsphase.

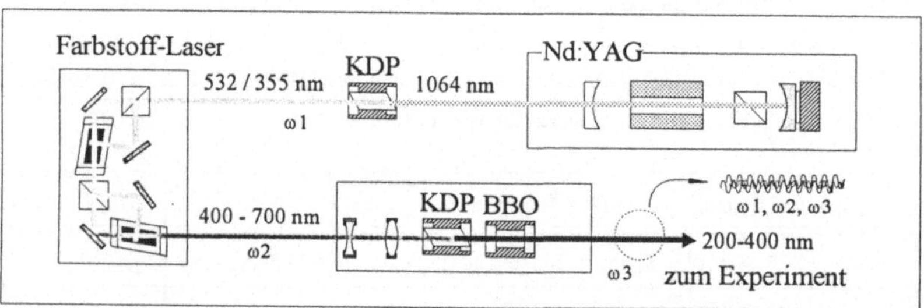

Bild **43**: Optischer Aufbau für die Erzeugung monochromatischer, kohärenter Strahlung für laserunterstützte Gas- und Plasmadiagnostik. Schrittweise Erzeugung durch Nd:YAG, Frequenzvervielfachung durch einen KDP-Kristall (Kaliumdihydrogenphosphat). Teilweise Frequenzverschiebung durch einen Farbstoff-Laser und nachfolgende Mischung mittels KDP- und BBO-Kristalle (β-Bariumborat)

4. 5 Wechselwirkungseffekte mit Photonen: Lichtstreuung (scattering)

Bei der Streuung einer monochomatischen Lichtwelle mit Molekülen treten im Streuspektrum zusätzliche, frequenzverschobene Linien symmetrisch zur Erregerlinie auf, deren Ursache in den molekularen Rotations- Schwingungsvorgängen liegen (Stokes- und anti-Stokes-Linien) /30/. Coherent anti-Stokes Raman Scattering (CARS) ist eine laserunterstützte Plasmadiagnostik-Technik auf der Basis dieser Teilchen/Welle-Interaktion. Der genutzte Effekt wird durch die Überlagerung dreier, kohärenter Lichtwellen induziert, die in einem gemeinsamen Fokus mit den in diesen Volumen vorhandenen Molekülen wechselwirken. Die Methode ist sehr selektiv und besitzt eine ausreichende räumliche Auflösung. Der besondere Vorteil liegt in einem guten Signal/Rauschverhältnis, das mit dem kohärenten Ausgangssignal zusammenhängt /167/ (vgl. Bild **44**).

CARS

CARS-Linien werden beobachtet, wenn drei monochromatische (kohärente) Lichtwellen der Wellenlängen (ω_0, ω_1, ω_2) fokal überlagert durch ein isotropes Medium treten. Wenn die Frequenzdifferenz zweier Stahlen (ω_1-ω_2) in der Nähe eines Raman-aktiven molekularen Rotations- oder Vibrationsübergangs liegt, wird als Effekt ein kohärentes, kollineares Signal zu den Erzeugerstrahlen erzeugt. Diese anti-Stokes-Ramanstrahlung hat dann die Frequenz (ω_3=ω_0+(ω_1-ω_2)). Bei diesem Vorgang zwingen zwei der Erzeugerwellen das Molekül zur Oszillation der Frequenz (ω_1-ω_2), während die dritte Lichtwelle an diesem System gestreut wird.

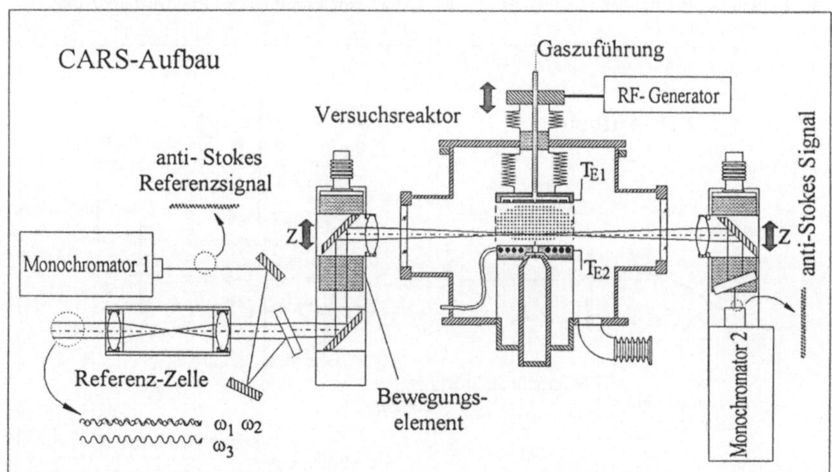

Bild **44** Realisierter Aufbau für räumlich aufgelöste Temperaturmeßungen in einem Forschungsreaktor. Institut PRIAM (ONERA/CNRS), Palaiseau, Frankreich

Der resultierende Strahl hat eine Wellenlänge der Frequenz ($\omega_3=\omega_0+(\omega_1-\omega_2)$).Da üblicherweise die gleiche Wellenlänge für einen Anregungs und den Sondenstrahl verwendet wird, vereinfacht sich der Ausdruck zu ($\omega_3=\omega_1+(\omega_1-\omega_2)$). Diese (kohärente) Lichtwelle läßt sich gegenüber der vorhandenen Hintergrundstrahlung leichter detektieren

Für den praktischen Meßvorgang werden die Signale aus einer Referenz-Zelle und dem Experiment verglichen. Die Detektionsmöglichkeit mit der CARS Spektroskopie erlaubt die *chemische Analyse*, *Temperatur-* und *Konzentrationsmessung* in Gasen (und reaktiver Plasmen) (vgl. Kap. **4. 7 S. 85**).

- die spektrale Position von Linien oder Bändern ist charakteristisch für molekulare Spezies;
- Linienintensität erlaubt die Messung der molekularen Dichte;
- die Intensitätsverteilung verschiedener Rotations-Quantenzustände führt zu einer zugehörigen Temperatur.

4. 6 Wechselwirkungseffekte mit Photonen: Induzierte Fluoreszenz

Der physikalische Basiseffekt beruht auf der Anregung von Atomen oder Molekülen durch die Absorption von ein oder mehrerer Photonen. Werden diese Teilchen dabei auf ein Strahlungsniveau angehoben, können sie einen Teil oder ihre gesamte Energie in Form von Fluoreszenz-Photonen wieder abgeben. Dieses Prinzip wird für die Detektion von sich im strahlungslosen Grund- oder metastabilen Zuständen befindlichen Teilchengruppen verwendet /130, 11/ (vgl. Bild **45**). Es besteht eine Korrelation zwischen der Emissionsintensität der Fluoreszenz und der Teilchenkonzentration im Grundzustand /168/.

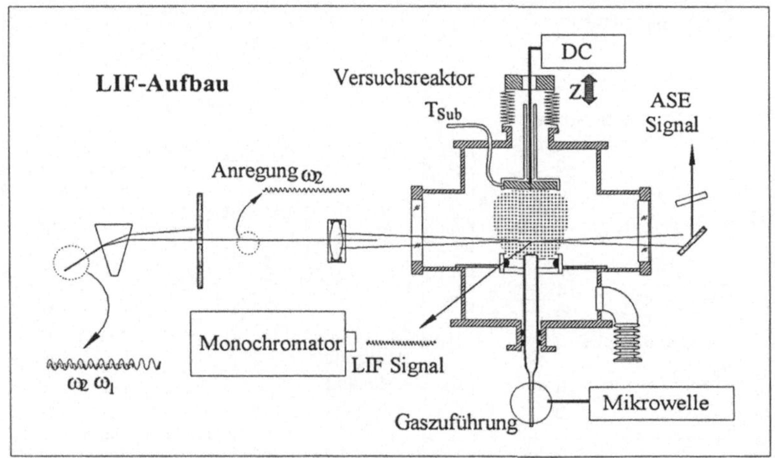

Bild **45** Meßaufbau für Induzierte Fluoreszenz (LIF) und verstärkte spontane Emission (ASE) (hier: zwei unterschiedliche Anregungssysteme; DC und Mikrowelle)

Laser-Induzierte-Fluoreszenz (LIF) und (ASE)

Der prinzipielle Unterschied zwischen LIF und ASE besteht in der räumlichen Wirkungsrichtung der erzeugten Strahlung und deren Detektion. Ein LIF-Signal wird senkrecht zum Fokus auf der Laserachse detektiert, während ASE-Emissionen kollinear entstehen. Die Laser-induzierten Fluoreszenzphänomene (LIF + ASE) spielen innerhalb der optischen Plasmadiagnostik als unmittelbare Ergänzung der passiven OES eine wichtige Rolle. Diese Meßverfahren induzieren im Fokus eines (zeitlich) gepulsten Lasers Fluoreszen, deren abklingende Intensität zeitverschoben detektiert wird (BOXCAR-Aufbau). Die meßbare Intensität hängt mit der Anzahl der sich im Grundzustand befindlichen Teilchen (Atome, Moleküle) zusammen und dient zur relativen Bestimmung ihrer Konzentration /169, 170, 109, 133/.
Die Mehrzahl der Teilchen in einem Plasma befindet sich in einem strahlungslosen Grundzustand. Dies gilt auch für Radikale, die als Folge von Dissoziation, Ionisation oder andere Anregungsmechanismen oder durch chemische Reaktionen entstehen. Diese Zwischenprodukte dienen als Reaktionspotential für weitere physikalisch-chemische Vorgänge. Werden sie einem Photonenstrom ausgesetzt, deren Energie auf sie abgestimmt ist, sind sie in der Lage, ein oder mehrere Photonen zu absorbieren und nach einer begrenzten Verweildauer im angeregten Zustand Energie in Form von Photonen wiederabzugeben.
Somit lassen sich mit dieser Diagnostikmethode Einflüsse auf das Konzentrationsverhalten reaktionsdominanter Spezies erfassen. In Bild **46** ist das LIF-Signal der H-Atomfluoreszenz als Funktion einer (ternären) Gasmischung abgebildet. Überraschenderweise bildet sich bei der Zuführung von Wasserstoffgas (innerhalb weniger Prozent) ein stabiles Konzentrationsplateau der zugehörigen atomaren Spezies aus. Die Erklärung dieses Phänomens ist noch nicht klar, ergänzende Untersuchungen sollen diesen phänomenologischen Bestand klären.

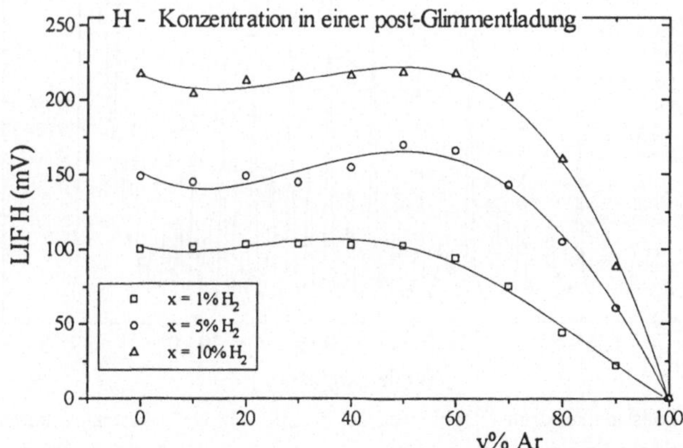

Bild **46** LIF-Signal der relativen Konzentration atomaren Wasserstoffs in einem post-Mikrowellenplasma als Funktion der ternären Gasmischung $\Phi_N'''(Ar\text{-}N_2\text{-}H_2)$

4. 7 Anwendungsbeispiel: Temperaturmessung in Gasen

Bei plasmaunterstützten Verfahren laufen chemische Reaktionen bei niedrigeren Gastemperaturen ab, als die gleiche Reaktionen im thermodynamischen Gleichgewicht (ThG) benötigen. Der Hauptunterschied zwischen einem Gas im ThG und einem Plasma ist, daß im Plasma Elektronen und angeregte bzw. ionisierte Teilchen existieren, die gegenüber den neutralen Gasteilchen eine andere Energieverteilungsfunktion aufweisen. Da der Wert der Gastemperatur als Integral über alle Energieverteilungen im Gesamtsystem bestimmt wird, ändert ein geringer Anteil energiereicher Teilchen den Wert nicht, obwohl ihre EVF sehr stark den eigentlichen Prozeßablauf bestimmt. Das kinetische Temperaturprofil der aktivierten Teilchen spielt daher neben der Konzentration im Prozeßgas die wichtigste Rolle, da dieser Wert unmittelbar die Reaktionskinetik und damit z. B. die Abscheideraten beeinflußt /171, 173, 174/.
In der Praxis wird die Temperatur konventionell mit Thermoelementen gemessen. Mögliche Differenzen, die sich z. B. aus dem Ionenbeschuß des Thermoelements ergeben werden dabei vernachlässigt.

Spektroskopische Methoden: Rotationstemperatur angeregter Moleküle

Für eine Reihe optimierender Prozeßentwicklungen, (Diagnostik in Mikrowellen- oder RF-Plasmen, temperaturempfindliche Bauteile) ist es sinnvoll, die lokale Gastemperatur zu kennen. Eine zu diesem Zweck häufig eingesetzte, spektroskopische Methode besteht darin, die Rotationstemperatur angeregter Moleküle zu bestimmen /155, 130/. Ein molekulares Emissionsspektrum ist in Bild **47** abgebildet (hier $N_2^+(B^2\Sigma_u^+) \rightarrow N_2^+(X^2\Sigma_g^+) + h\nu$ (λ~391,4 nm)).

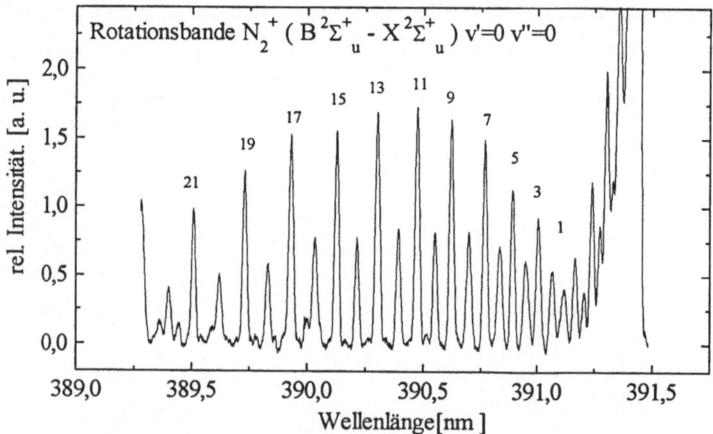

Bild 47 Emissionsspektrum (Rotationsbande) für Stickstoff N_2^+. Plasmaparameter: RF 13,56MHz, P = 11.5W, p = 65Pa, T ~ 900°C, Q_V = 100sccm, $\Phi_{N'}$ = 100%N_2

Der Begriff der Rotationstemperatur ist dem thermodynamischer Gleichgewichtszustand eines molekularer Energiezustandes zugeordnet ($E_{Mol}=E_{ele}+E_{vib}+E_{rot}$); ein Effekt, der in der Zusammensetzung der Gesamtenergie eines Moleküls die Anteile aus Elektronischer-, Schwingungs- und Rotationsenergie unterscheidet. Dabei ist jedem (molekularen) elektronischen Übergang ein System von Schwingungszuständen zugeordnet (beschrieben mit den Quantenzahlen v' und v"), welchem wiederum Rotationszustände (beschrieben mit den Quantenzahlen J') übergeordnet sind /30/.

Die Entwicklung der zugehörigen Emissionslinien einer molekularen Rotationsstruktur (Rotationsbanden) geschieht nicht willkürlich, sondern ist an die inneren Zustände dieses Teilchens gekoppelt (für Methan /174/, Stickstoff /155/, Wasserstoff /171/). So wird die alternierende Intensität einer Rotationsbande (vgl. Bild **47**) durch die Einbeziehung des Kernspins zum Gesamtdrehimpuls (des Teilchens) verursacht. Folge einer geraden oder ungeraden Rotationsquantenzahl J'. Im Fall einer symmetrischer Kernspinkopplung (J' gerade) verdoppelt sich die Niveaubelegung. Eine ausführliche Darstellung am Beispiel Wasserstoff ist in Barbeau /171/ gegeben.

Die energetische Anregung der Moleküle (auf ein Strahlungsniveau) wird in Plasmen überwiegend durch Stöße mit Elektronen verursacht. Bis zu ihrer Relaxation sind diese angeregten Teilchen Stößen anderer Gasteilchen ausgesetzt. Ist die charakteristische Lebensdauer der betrachteten Spezies (im Verhältniss zu der vorhandenen Stoßfrequenz) ausreichend (nicht zu lang, da sonst $n \sim n_e e^{-E/kT}$), führt dies zu einer statistisch repräsentativen Thermalisierung ihrer Geschwindigkeitsverteilungsfunktion. Die über diese Spezies definierte Temperatur stimmt dann für diesen Fall mit der Neutralgastemperatur überein. Dieser Vorgang ist aber neben der vorgegebenen Stoßfrequenz noch von weiteren Faktoren abhängig /171/. Die Bestimmung der Gastemperatur mit dieser Methode basiert auf der Annahme, daß sich die betrachtete Teilchengruppe im thermodynamischen Gleichgewicht zu den übrigen Gasteilchen befindet (Maxwell-Boltzmann-Verteilung). Diese Annahme ist nicht immer erfüllt, und muß im Anwendungsfall überprüft werden.

Die Basis dieser Temperaturbestimmung wird durch Gleichung **18** gegeben, die die Intensität eines Molekülbandenspektrums beschreibt. Die neben der gemessenen Intensität der Rotationslinien (Auflösungsvermögen des Spektroskops) benötigten Größen lassen sich in Datensammlungen auffinden. Die Intensität I(J') einer Emissionlinie innerhalb einer Rotationsbande (Rotationszustand der Quantenzahl J') wird durch die Beziehung in Gleichung **18** beschrieben. S' ist der Hönl-London-Faktor, der vom Übergang der beiden Niveaus abhängt, (2T'+1) stellt einen statistischen Gewichtfaktor eines zugehörigen Niveaus dar, B_v ist die molekulare Rotationskonstante (eines zugehörigen Schwingungszustandes) und T_{rot} die Rotationstemperatur.

$$I(J') = S'(J'(2T'+1)\, e^{-B_v J'(J'+1) hc / kT_{rot}} \qquad (18)$$

Im Fall einer ThG (Boltzmann-Verteilung) ergibt die Darstellung des Quotienten I(J')/ J'(2T'+1)) aufgetragen über J'(J'+1) eine Gerade. Die Steigung ξ dieser Geraden entspricht dem Anteil $B_v hc/kT_{rot}$, der zur Rotationstemperatur führt (vgl. 19). In Bild 48 ist ein solcher Plot aufgetragen.

$$T_{rot}\,(°K) = B_v\, hc \,/\, k\, \xi \quad \text{mit } \xi = \text{Steigung} \tag{19}$$

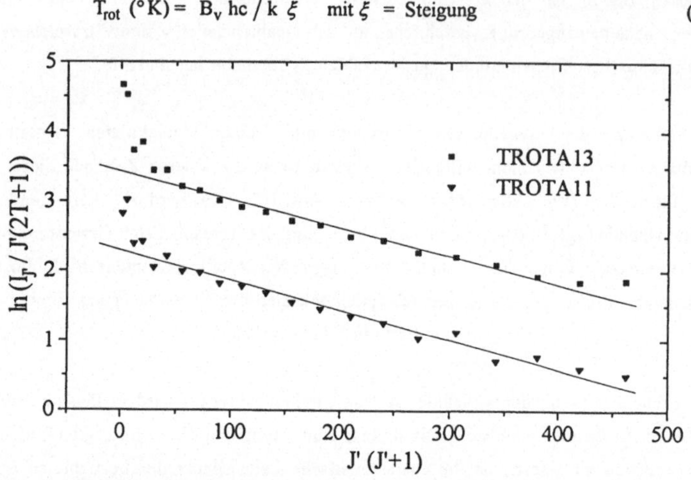

Bild 48 Relative Intensitäten des Rotationsbande $N_2^+(B^2\Sigma_u^+) \rightarrow N_2^+(X^2\Sigma_g^+) + h\nu$ aufgetragen über der Funktion J'(J'+1), "Boltzmann-Plot"

Alternativ zu dieser aufwendigen Meßtechnik (benötigt wird ein ausreichend hohes spektrales Auflösungsvermögen des Spektroskops, um die einzelnen Linien der Rotationsbande zu trennen) wurden Methoden entwickelt, die auf der Analyse nicht vollständig aufgelöster Strukturen beruhen /175, 176/. Hervorzuheben ist der Ansatz von Janca /173/, der in einem breiten Prozeßbereich einsetzbar ist und sich besonders für den Einsatz mit CCD-Zeilen eignet.

Vergleich von Ergebnisen durch CARS und OES-Temperaturmessung

Ergebnisse der Temperaturmessung sind stark von der Meßanordnung und dem lokal detektierten Bereich abhängig. Dies wird durch den Zusammenhang zwischen der Größe eines Reaktionsvolumens im lokalen ThG (LTE Local Thermal Equilibrium) und der Größe des Detektionsvolumens vorgegeben. In der Praxis ist diese Bedingung nur bedingt zu erfüllen, da großvolumige Reaktoren ein sehr komplexes thermisches Profil aufweisen. Temperaturgradienten werden sowohl durch das System Heizelemente / Werkstücke aufgeprägt als auch lokal durch Plasmawirkung induziert. So z. B. durch Elektronen-Resonanzeffekte (Hohlkathoden), einem ungleichmäßigen Energieeintrag, bedingt durch die Chargierung und geometrisch komplexe Bauteile.

In Forschungsreaktoren (vgl. Bild 50) stellt sich das Temperaturprofil einfacher dar. Die untere Elektrode wird mit Heizelementen bis auf eine Temperatur von ca. 1200°K erwärmt. Auf der oberen Elektrode, durch die das kalte Gas eingelassen wird, stellt sich dazu eine Gleichgewichtstemperatur ein (hier: 500°K). Von diesem Aufbau abgeleitet, entwickelt sich ein Temperaturgradient in Form paralleler Schichten zu den Elektroden aus. Ein solches Temperaturprofil läßt sich dann auch mit OES-Methoden einfach bestimmen.

Laserunterstützte Methoden (vgl. Kap.4. 4 S. 81) bieten den Vorteil, Informationen räumlich aufgelöst bereitzustellen. Ihr Meßbereich ist auf eine fokale Zone beschränkt, in dem die Energiedichte ausreichend hoch ist, um die gewünschten, photoneninduzierten Wechselwirkungen zu initiieren /169/. Meistens wird damit auch die Forderung nach dem Einhalten eines ThG im der Meßzone erfüllt. Die Temperaturprofile wurden mit einem Meßaufbau ermittelt, der in Bild 44 dargestellt ist.

Die Tempertur wurde zunächst durch OES-Messungen, sowie anschließend unter den gleichen Prozeßkonditionen mit der laserunterstützten CARS-Meßtechnik bestimmt. Die Unterschiedung der beiden Verfahren liegt - im vorliegenden Anwendungsfall - in der zur Temperaturmessung herangezogenen molekularen Spezies. Die passive OES nutzte die N_2^+-Emissionen, während bei CARS Emissionen von H_2-Moleküle ausgewertet wurden. Die Ergebnisse der Temperaturmessungen können in Bild 49 miteinander verglichen werden. Die mit CARS gemessenen Temperaturen sind mit einer Fehlerbande angegeben, die sich aus der Fehlerrechnung der Einzelmessung ergibt, während bei den OES-Werten eine 5%-Bande angegeben wurde. Der Unterschied der Meßergebnisse ist ansatzweise durch die unterschiedlichen Molekülegewichte der Teilchen zu erklären. Im Gegensatz zu N_2-Molekülen, bewegen sich die H_2-Moleküle sehr viel schneller, stoßen häufiger untereinander, und können rascher ein lokales thermodynamisches Gleichgewicht ausbilden. Dieser Vorgang wird deutlich durch den Druck beeinflußt. N2-Moleküle (Φ_N" = 10% N2 + 90%H2) benötigen für diese lokale thermische Anpassung eine größere Anzahl von Stößen.

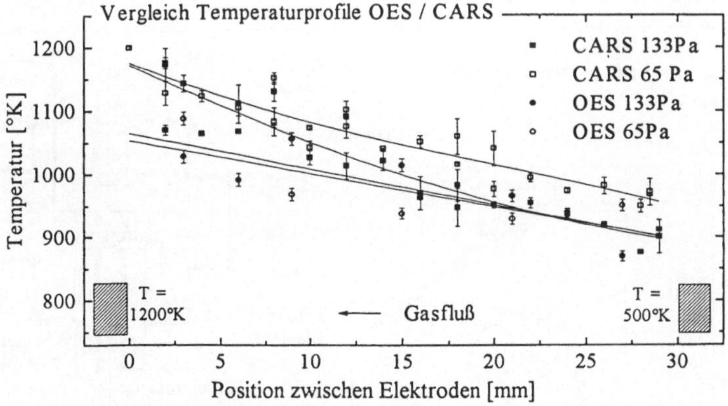

Bild 49 Vergleich der Ergebnisse von Temperaturmessungen mittels zweier Verfahren: Optische Emissionsspektroskopie und CARS

5 Umsetzung der Plasmadiagnostik (Experiment zum industriellen Aufbau)

Die erzielbaren Ergebnisse plasmadiagnostischer Untersuchungen sind eng mit den vorhandenen Aufbauten (Größe) und der meßtechnischen Realisierbarkeit verknüpft /177-179/. Dies schließt die Beschränkungen ein, die durch die Wahl der Diagnostikmethode für die Bestimmung der reaktiven Gaszustände (Teilchen, Reaktionen...) entstehen. So muß z. B. für die optische in situ-Emissionsspektroskopie berücksichtigt werden, daß der Anteil spontan emittierender Teilchen nur einen Bruchteil des gesamten chemischen Systems darstellt /8/.

Dieses Hauptkapitel soll daher die unterschiedlichen Aspekte und Ansatzpunkte aufzeigen, die bei der Umsetzung dieser Meßtechnik - von der Labormeßtechnik zum industriellen Einsatz - auftreten. Ausgehend von der Möglichkeit einer räumlich und zeitlich aufgelösten, hochgenauen Diagnostik in Forschungsreaktoren soll der experimentelle Übergang zu Messungen in großvolumigen Reaktoren dargestellt werden. Dies schließt die Anwendbarkeit der in situ-Meßtechniken (optische Methoden, Sonden, Massenspektroskopie) für einen Gebrauch in großvolumigen Rezipienten ein. Modifikationen, d. h., Vereinfachungen müssen begründet durchgeführt werden, um eine praxisnahe und vor allem sinnvoll einsetzbare Meßtechnik aufzubauen.

5. 1 Vergleich experimenteller mit industriellen Aufbauten

Forschungsreaktoren

Der zentral im Reaktor angeordnete Plasmaraum wird durch eine geometrisch möglichst einfache Elektrodenanordnung gebildet. Ein solcher, typischer Aufbau ist in Bild **50** abgebildet. Dies ermöglicht eine optimale Anwendung aller benötigten Meß- und Diagnostiktechniken (Sonden, passive und aktive

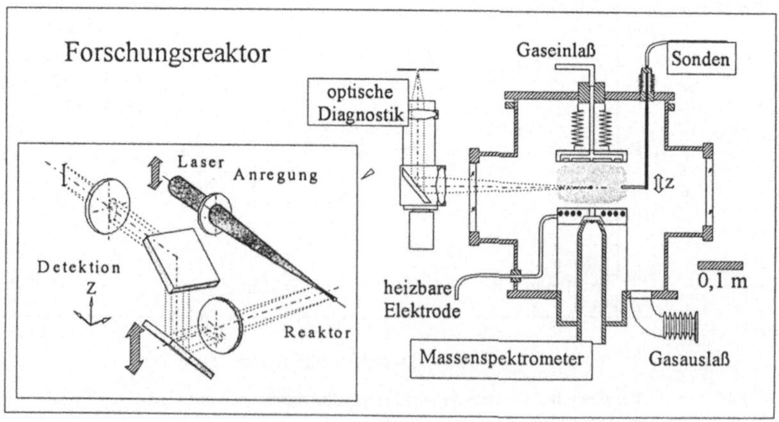

Bild **50** Aufbau eines Forschungsreaktors; Institut PRIAM (ONERA/CNRS) Frankreich

optische Plasmadiagnostik, Massenspektrometrie), während sich die äußeren Randbedingungen (z. B. Temperaturgradienten, Strömungsverhältnisse) vereinfacht einstellen. Die mögliche Diagnostik kann damit gezielt und unmittelbar in der reaktiven Zone des Reaktors eingesetzt werden. Ergebnisse plasmadiagnostischer Untersuchungen, z. B. der optischen Emissionsspektroskopie, können in solchen geometrisch einfach gehaltenen Aufbauten ein räumlich aufgelöstes Bild der Vorgänge im Plasma liefern. Man erhält so die Meßparameter (hier: Emissionsintensitäten) als Funktion des Abstandes von der Elektrodenoberfläche. Diese Methode liefert Ergebnisse, die zu lokalen Optimierungen führen können, da sie eine Korrelation und Verknüpfung der Oberflächeneffekte und der prozeßrelevanten Teilchenkonzentration herstellt.

Um diese Vorgänge anschaulich darzustellen, sind in Bild 51 räumlich aufgelöste Emissionsintensitäten (hier: H_2, $d^3\Pi_u \rightarrow a^3\Sigma_g^+$, 622,4nm) als Funktion der Position zwischen den Elektroden für verschiedenen Drücken (22Pa - 133Pa) abgebildet. Die Elektroden sind nicht eingezeichnet, befinden sich an den Randpositionen 0 bzw 30 mm. Die abgebildeten Intensitätsverläufe sind typisch für RF-Plasmen in asymmetrischen Elektrodenanordnung und hohen H_2-Konzentrationen (>90% H_2).

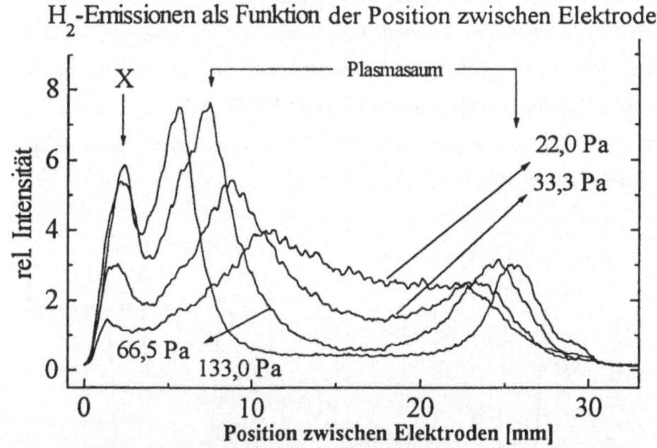

Bild 51 Entwicklung der H_2 Emissionsintensitäten ($d^3\Pi_u \rightarrow a^3\Sigma_g^+$, 622,4nm) in einem Reaktor mit asymmetrischen RF-Elektrodenkonfiguration als Funktion der Position zwischen den Elektroden bei verschiedenen Drücken p = 22Pa - 133Pa; Anregungsfrequenz: 13,56 MHz;T = 36°C; P = 11,2W; Q_V = 110sccm; Φ_N'' = 90%H_2 + 10% CH_4.

Asymmetrische Elektrodenkonfigurationen werden für viele RF-angeregte, plasmaunterstützte Oberflächenprozesse verwendet, da sich durch diese Anordnung eine hohe Gasreaktivität sowie ein u. a. über die Geometrie abhängiges Bias-Potential einstellt (Einfluß und Wirkung der Ionen auf die zu behandelnden Oberfächen).

Das Besondere am vorliegenden Fall ist das Auftreten einer zusätzlichen, zweiten Leuchtschicht (in Bild 51 durch ein X bezeichnet). Diese Leuchtschicht zeigt einen ungewöhnlichen Reaktivitätsanstieg von Wasserstoff dicht über der zu behandelnden Oberfläche. Da wasserstoffreiche, RF-angeregte Plasmen (H_2-Anteil > 90%) vielseitig eingesetzt werden, ist dieser Effekt von praktischer Bedeutung (Deposition von Si, a-H:Si...). Weiterführende Untersuchungen, bei der die Emissionsintensitäten (verschiedener atomarer oder molekularten Spezies) auch zeitlich aufgelöst gemessen wurden, konnten die zugehörige Reaktionskinetik erklären (vgl. Bild 52). Sie beruht im wesentlichen auf der Beschleunigungswirkung (leichter Ionen, hier H^+, H_2^+) während der maximalen Potentialwechsel der RF-Spannung /145/. Im Rahmen der vorliegenden Abhandlung sollen Ergebnisse der räumlich und zeitlich aufgelöste Plasmadiagnostik lediglich die Dynamik der von durch RF-Wechselfeldern oder gepulsten DC-Plasmen initiierten Aktivität im Reaktionsvolumen unterstreichen (vgl. Bild 51 und Bild 52).

Räumlich und zeitlich aufgelöste Messung (gepulster oder oszillierender Plasmen)

Für diese Messungen muß ein Aufbau (hier: BOXCAR) verwendet werden, der die Datenaufnahme (hier: des am Photomultiplier gemessenen Stroms) zeitlich aufgelöst detektiert. Die Datenerfassung wird auf ein kurzes Zeitintervall (Zeitscheibe) reduziert. Dazu wird diese Zeitscheibe (hier: 5ns) mit der RF-Periode (hier:~75ns) in einer Weise synchronisiert, daß der Meßbeginn jeweils konstant bezüglich eines Triggerzeitpunktes erfolgt. Für die Detektion über eine ganze RF-Periode wird der Meßbeginn (Öffnung der Zeitscheibe) um einen definierten Zeitbetrag (hier: 5ns) verschoben. Diese zeitlich aufgelöste Messung kann der räumlich aufgelösten Detektion überlagert werden.

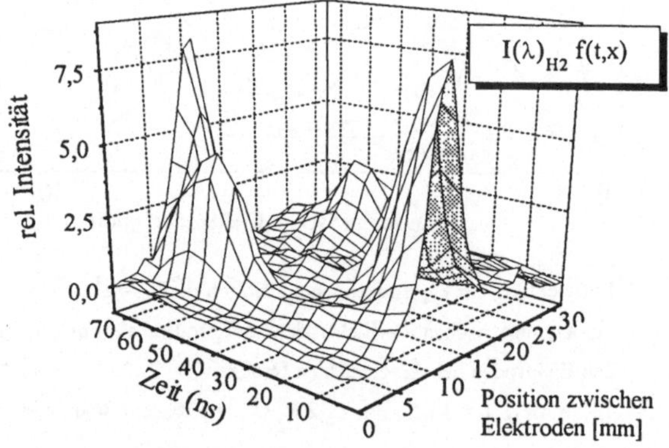

Bild 52 Räumlich und zeitlich aufgelöste Emissionsintensität kurzlebiger, angeregter Teilchen (~29ns) H_2 ($d^3\Pi_u \rightarrow a^3\Sigma_g^+$, 622,4nm) in einem mit 13,56 MHz angeregten Φ_N"-(H_2 / CH_4) RF-Plasma

In den Darstellungen der Bilder 52 und 53 ist die Zeitachse hinsichtlich der RF-Periode nicht synchronisiert dargestellt, sondern stellt nur die Periodenlänge dar.
In Ergänzung der Ergebnisse aus Bild 52, die die Entwicklung und Reaktivität einer kurzlebigen Teilchengruppe darstellt, ist in Bild 53 die Evolution langlebiger Teilchen am Beispiel von Helium aufgetragen.

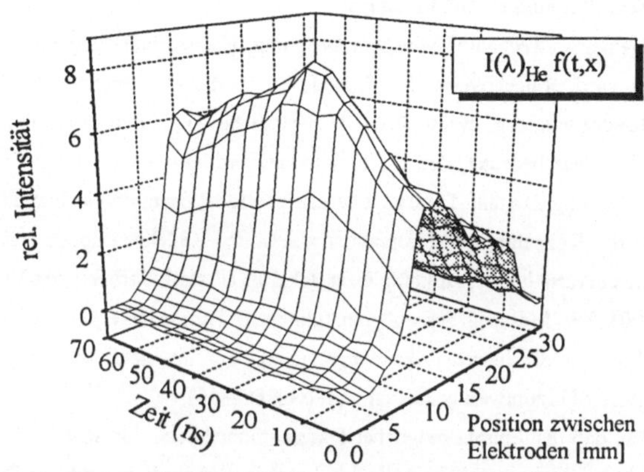

Bild 53 Räumlich und zeitlich aufgelöste Emissionsintensität langlebiger, angeregter Teilchen (~150ns) He ($1s^4d \rightarrow 1s^2p$, 667,8nm) in einem mit 13,56 MHz angeregten Φ_N"-(H_2 / He) RF-Plasma

Zukünftiger Nutzen dieser Meßtechnik

- Aus diesen Untersuchungsmethoden lassen sich Rückschlüsse auf die zeitlich aufgelöste Reaktivität in gepulsten oder oszillierend angeregten Plasmen ziehen. Solche Ergebnisse können damit die Grundlage für künftige Prozeßentwicklungen und Optimierungen der Oberflächentechnik mittels plasmaaktivierter Gasphasen bilden.
- Der Einsatz dieser Technik (für niederfrequente Anregungssysteme einfach zu realisieren) erschließt die Möglichkeit, spektral erfaßte, innere Plasmazustände und phänomenologische Ergebnisse über die zeitliche Variation gekoppelt zu betrachten.

5. 2 Industrieller Aufbau

Industrielle eingesetzte Plasmareaktoren verfügen über ein den Verfahren angepaßtes Reaktionsvolumen. Dies führt gegenüber einem Forschungsaufbau neben einer geometrischen Hochskalierung, zu einem deutlich geringeren Verhältnis der Öffnungen (verfügbare Meßflansche) in Relation zum überwachten Volumen. Die Prozeßüberwachung muß diese Tatsache methodisch in Form von globalen und örtlich aufgelösten Messungen berücksichtigen.

In für einen allgemeinen Technologieeinsatz (Nitrierung, Hartstoffabscheidung) verwendeten Reaktoren (DC, Puls-DC) wird üblicherweise die Kathode durch die zu behandelnden Werkstücke gebildet, während die Reaktorwandung, eventuell durch zusätzliche Aufbauten (z. B. Gaseinlässe), als Gegenelektrode fungiert. Dies bedeutet, daß die Elektrodenanordnung eine von der Chargierung abhängige, komplizierte Anordnung darstellt. Dieser Gesamtaufbau führt dazu, daß sich auch die weiteren Randbedingungen, wie die Konzentration der reaktionsrelevanten Teilchengruppen, das Strömungsverhalten oder die Temperaturverhältnisse, zu komplexen, lokal u. U. stark variierenden Verläufen ergeben. (vgl. Kap. 5.3 S. 100). Die Messung der äußeren (globalen) Parameter ergibt bei vielen Prozessen einen verzerrten Einblick in die innere Prozeßvorgänge, da nur ein über eine Vielzahl unterschiedlicher Zustände integrierter Gesamtwert gemessen wird (vgl. Bild 55).

Es ist ersichtlich, daß der Einsatz möglicher Diagnostikmethoden vor allem auf geometrische Randbereiche beschränkt ist (Massenspektrometrie des Abgases, Sondendiagnostik am Reaktorrand...). Um die gegenüber einem Forschungsaufbau herausgehobenen Unterschiede zu veranschaulichen, ist ein typischer industrieller Aufbau in Bild 54 abgebildet.

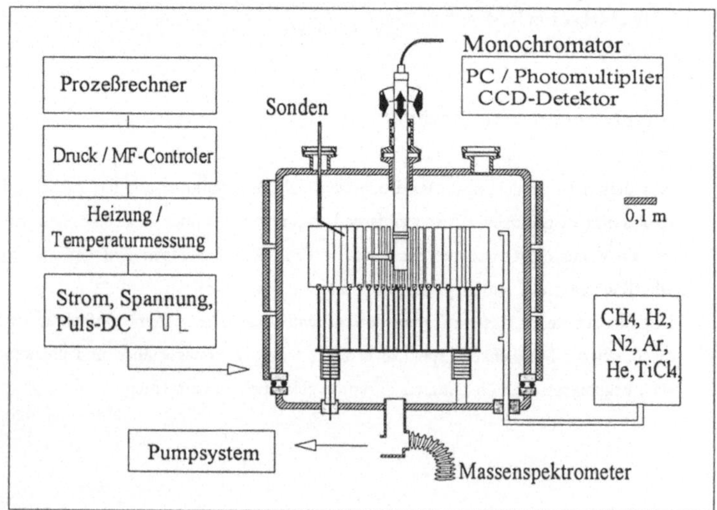

Bild 54 Industrieller Aufbau eines großvolumigen Reaktors; IPA Stuttgart

5. 3 Was, wie und wo detektieren ?

Die Konzentration der eingesetzten reaktiven Gase stellt sich als Funktion einer zugehörigen Plasma-Volumeninteraktion ein. Diesen Zusammenhang kann man für die Massenspektrometrie im Abgas nutzen, die dann einen globalen Bezug, d. h. einen über alle Volumenvorgänge integrierten Wert liefert. Ein solcher Kontext wird im Ergebnis des nachfolgend dargestellten Versuches deutlich (Messung der CH_4-Konzentration bei der a-C:H-Abscheidung). Die Variable in diesem Versuch war die Stromstärke, die über die Pulsdauer bei sonst konstanten Parametern verändert wurde $I(P_D)$ = variabel. Prozeßparameter: p = 50Pa, T = 250°C, f_{DC}~ 1kHz, U = 600V, Q_V = 375sccm, ternäre Gasmischung: Φ_N''' = 10%Ar + 0,9(75%H_2 +25%CH_4)). Ausgewertet wurde der Partialdruck der CH_4-zugehörigen Masseneinheit.

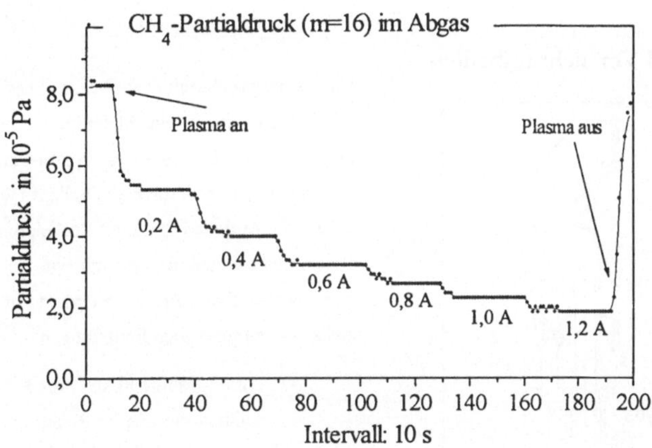

Bild 55 Partialdruck von CH_4 im Abgas eines großvolumigen Reaktors als Funktion der Stromstärke (vgl. in Bild 56 die zugehörige eingebrachte Wirkleistung)

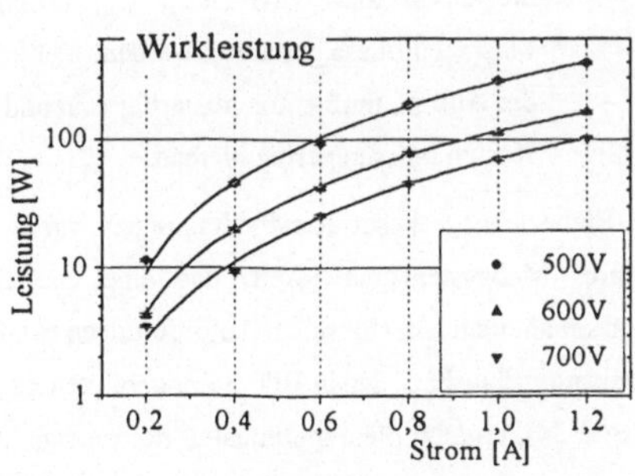

Bild 56 Eingebrachte Wirkleistungen in ein Φ_N'''-(Ar/H_2/CH_4)-Plasma

Der gemessene Partialdruck fällt zunächst sehr stark ab, nähert sich dann aber asymptotisch einem Grenzwert. Die Abflachung wird durch innere Anregungs- und Dissoziationsvorgänge geprägt, die in diesen Gasphasensystemen durch Elektronenstoßprozesse initiiert werden. Es bilden sich reaktionskinetische Gleichgewichtssysteme in Funktion der äußeren Bedingungen der Prozeßführung (eingespeiste Wirkleistung) und der inneren Zustandsreaktionen (Elektronen-EVF, $\sigma(E)$...) aus.

Die praktische Bedeutung dieser Messung liegt darin, die Limitierung der möglichen (unter homogenen Bedingungen) phänomenologisch einsetzbaren Effekte (hier: Abscheidung) als Funktion der Stromdichte (Strom / Behandlungsfläche) zu bestimmen.

Die inneren Plasmavorgänge beschränken die Möglichkeiten der Prozeßführung (so z. B. der Abscheideraten...), weil in der plasmaunterstützten Oberflächentechnik auf der Basis plasmaaktivierter Gasphasen die phänomenologischen Ergebnisse oft eng mit der in das Gas eingespeisten Wirkleistung gekoppelt sind. Global ermittelte Ergebnisse bieten daher einen ausreichenden Einblick in die Reaktionsabläufe unter der Voraussetzung, daß die Reaktionen im gesamten Reaktor homogen und ohne signifikante Störungen ablaufen. Dies ist aber nur in Sonderfällen gegeben, da die lokalen Bedingungen als komplizierte Funktion von den vorgegebenen geometrischen Bedingungen abhängen. (Würde dies nicht zutreffen, gäbe es die Up-Scale-Problematik nicht.)

Meß- und Versuchsaufbauten

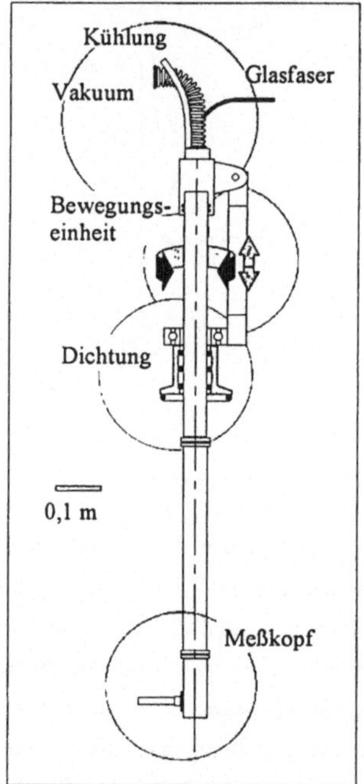

Bild 57 Meßeinheit für plasmadiagnostische Untersuchungen in einem großvolumigen Reaktor.

Um die vorgegebenen prozeßtechnischen Beschränkungen aufzuheben, wurde ein Meßaufbau konzipiert, der die räumlich aufgelöste, optische in situ-Plasmadiagnostik in großvolumigen Reaktoren ermöglicht (vgl. Bild 57). Der technische Aufwand für deren Realisierung wird durch die erzielbaren Ergebnisse gerechtfertigt.

Die konstruktive Lösung orientiert sich an mehreren, zwingend vorgegebenen Forderungen:

- die Meßstruktur muß eine maximale Ortsauflösung im Reaktor erlauben;
- die durch den Meßaufbau induzierten Störungen im Reaktor müssen möglichst gering gehalten werden;
- die Optik muß zuverlässig gegen äußere Plasmaeinflüsse geschützt werden;
- der Aufbau muß automatisierbar sein und die Kosten müssen gering bleiben.

Unter Einbeziehung dieser Randbedingungen wurde ein modulares Meßsystem entwickelt, das eine maximale Adaptation an die meßtechnischen Anforderungen zuläßt.

Der Gesamtmeßaufbau, der in Bild 58 abgebildet ist (vgl. auch Bild 54), ergänzt die experimentell notwendige Versuchsstruktur eines großvolumigen Reaktors. Einige Besonderheiten sind nachfolgend kurz dargestellt.

- die Detektionsmarken weisen geometrisch gleiche Abmessungen auf (einschließlich der Oberflächenstruktur); sie sind gleichmäßig im Reaktor angeordnet, wodurch eine homogene Beladung mit Bauteilen simuliert wird;
- ein integriertes Probenwechselsystem ermöglicht es, effizient Plasmadiagnostik und experimentelle Ergebnise zu korrelieren (hier: Abscheidung und Kombinationsprozesse);
- die Gesamtfläche der Kathodenfläche beträgt je nach Aufbau ca. 1,2 - 1,5 m^2;
- der Aufbau ist modular konzipiert und läßt sich einfach an die benötigten Anforderungen anpassen (z. B. Integration kundenspezifischer Bauteile zu Versuchszwecken).

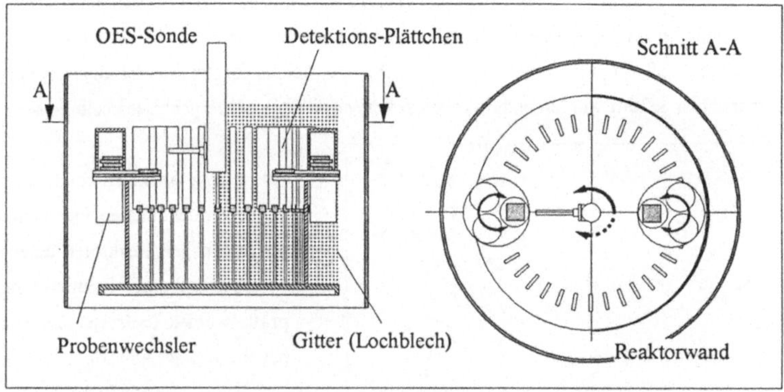

Bild 58 Experimenteller Versuchsaufbau für Plasmadiagnostik und Prozeßoptimierung

Um die Zuordnung bei der Darstellung der Ergebnisse zu erleichtern, wird eine im Bild 59 auszugsweise abgebildete Symbolik verwendet. Sie weist jedem Meßergebnis einen zugehörigen, schematisch dargestellten Versuchsaufbau sowie die durch einem Pfeil gekennzeichnete Detektionsposition zu.

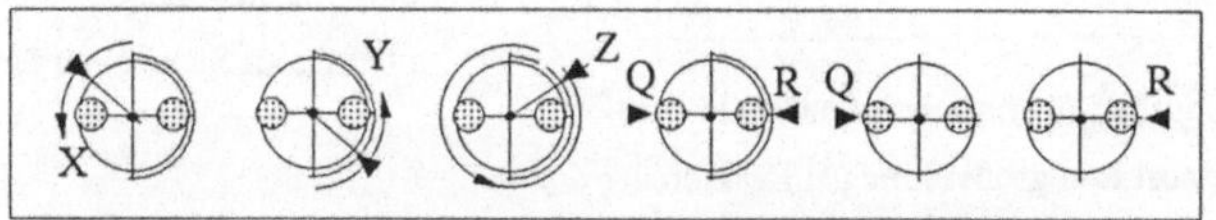

Bild 59 Symbolik einiger Versuchsaufbauten und der Detektionspositionen

Die eingesetzten Probeplättchen bestehen aus dem Werkstoff X 155 CrMoV 12.1 mit den Abmessungen 30 x 3 mm und einer Höhe von 100mm. Das geschliffen bezogene Flachmaterial wurde vor dem Einsatz sandgestrahlt, um an der Oberfläche ein gleichmäßiges Reflexions- und Streuverhalten zu gewährleisten.

5. 4 Lokale Plasmadiagnostik in großvolumigen Reaktoren

Im Gegensatz zu den Aufbauten in kleinen, meßtechnisch leicht zugänglichen Forschungsreaktoren stellt die örtlich aufgelöste in situ-Messung der inneren Prozeßparameter (z. B. elektrisches Feld, relative elektroneninduzierte Aktivität, Elektronentemperatur und Konzentration von Gaskomponenten) in industriellen Aufbauten ein technologisches Problem dar (vgl. Kapitel **5. 1** S. 91). Die Anforderungen an die erforderliche Meßmethodik sind insofern erweitert, als daß das überwachte Raumelement im Vergleich zu der Größe lokaler thermodynamischer Gleichgewichtszonen (LTG) nicht mehr klein ist. Andererseits bestimmt die Ausdehnung dieser Zonen bei Oberflächenbehandlungen mittels plasmaaktivierten Gasphasen die Bereiche homogener phänomenologischer Wirkungen.
Das bedeutet, daß die Messungen integral z. T. über lokale Zustandsänderungen in ausgedehnten Raumbereichen geführt werden und Störeinflüsse die ermittelten Meßergebnisse beeinflussen.

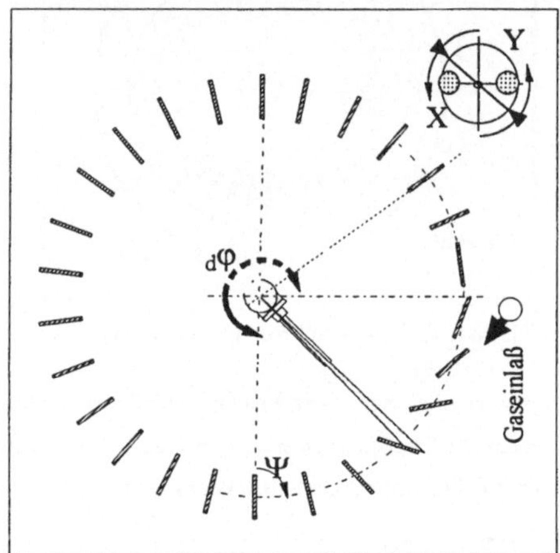

Bild **60** Meßaufbau für örtlich aufgelöste in situ-Diagnostik in großvolumigen Reaktoren

Aus diesen Ansätzen folgt, daß die Möglichkeiten der lokalen Plasmadiagnostik in großvolumigen Reaktoren unter ingenieurwissenschaftlichen Gesichtspunkten überprüft werden müssen. Im wesentlichen betrifft dies die Aspekte:

- die Größe des zur Messung einbezogenen Meßvolumens;
- den Einfluß der Werkstückgeometrien und Anordnung auf die örtlich aufgelöste Messung;
- die Umsetzbarkeit einer lokalen Optimierung im Sinne einer Hochskalierung.

Mit dem gewählten optischen Aufbau (vgl. Kap. **5. 2** S. 93) werden Emissionen in einem kegelförmigen Plasmavolumen detektiert, das durch den Durchmesser der Eintrittsöffnung des Lichtleiters sowie der (Appertur) der Keramikhülse (die als Beschichtungs- und Sputterschutz dient) begrenzt wird. Der Durchmesser des Lichtkegels in der Ebene der Reaktorwand wurde mit ~ 34mm ermittelt. Dieses Maß führt zu einer Detektionsmarke in der Ebene der Proben von ca 20mm oder einem relativen Öffnungswinkel von ca. 5°. Die Schrittweite zwischen 2 Messungen beträgt 3,6°. Damit überschneiden sich die detektierten Zonen um rund 20% (vgl. Bild **60**).

Um mögliche Einflüsse der Werkstückgeometrien bei diesen plasmadiagnostischen Untersuchungen festzustellen, wurden bei der folgenden Untersuchung die zu behandelnden Werkstücke so angeordnet, daß ihre Querachse gegenüber der Detektionsachse geneigt wurde. Diese Anordnung simuliert eine zukünftige Chargierung, bei der eine Anzahl ähnlicher Bauteile rotationssymmetrisch zum Meßaufbau im Reaktor aufgestellt werden.

Einfluß der Probenorientierung und Anordnung

Für die Messung des Einflusses der Probenorientierung (hier: Querachse zur optischen Achse) auf die Emissionsintensitäten wurde die Probenanordnung insofern modifiziert, als ein Teil der Probenplättchen unter steigenden Winkel ($\Delta\psi \sim 15°$) zur Detektionsachse angeordnet wurde (vgl. Bild **61**).
Das Ziel dieser Untersuchungen besteht darin, die Intensität der registrierten Emissionen über (beliebig im Reaktionsraum) angeordnete Flächen zu detektieren und eine mögliche Zuordnung der örtlich erzielbaren Ergebnissen und der inneren Prozeßzustände aufzuzeigen. Zu diesem Zweck wurden bei verschiedenen Prozessen (Reinigen, Nitrieren und Beschichten) jeweils charakteristische Emissionslinien (Hα, Hβ, N_2^+ Ar, CH...) aufgezeichnet. Diese Emissionsintensitäten sind in Bild **61** dargestellt. Sie erscheinen als z. T. stark oszillierende Kurvenverläufe. Dieser Effekt wird durch den Leuchtsaum verursacht, der die einzelnen Probenplättchen umgibt und der als Funktion der Winkelkoordinate φ in unterschiedlichen Anteilen detektiert wird. Darüberhinaus erscheinen die Kurvenverläufe von ihrer geometrischen Lage im Reaktorraum abhängig.

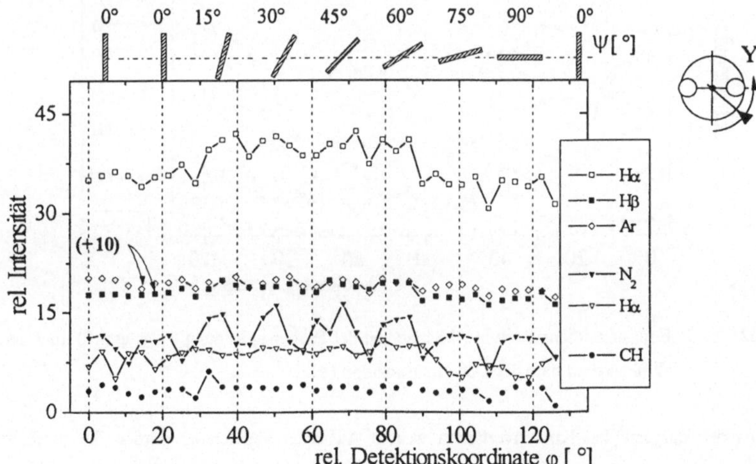

Bild **61** Emissionsintensitäten in Abhängigkeit der Probenorientierung (ψ = Winkel der Proben zur Detektionsachse) über der Winkelkoordinate der Detektionsposition (φ))

Eine detaillierte Bewertung der experimentellen Ergebnisse führt zu folgenden Zusammenhängen:

- Die detektierten Emissionsintensitäten lassen sich eindeutig mit der Probenanordnung und damit dem Versuchsaufbau korrelieren (vgl. Bild **61** und **62**). Dies bedeutet, daß die Einführung lokal zuordenbaren, prozeßabhängiger spektraler Marken (spektrale "fingerprints") für eine in situ-Prozeßüberwachung zulässig ist.
- Es läßt sich kein signifikanter Einfluß als Funktion der Ausrichtung der einzelnen Detektionsmarken feststellen. Die Auswertung detektierter Emissionen an symmetrisch zur Meßanordnung angeordneten Bauteilen oder Referenzmarken (in gleichem Abstand und Oberflächenbeschaffenheit) erscheint daher ausreichend für eine Überwachung.

Die ergänzende Auswertung der Emissionsintensitäten für gleichförmig angeordnete Detektionsmarken (vgl. Bild **62**) unterstreicht die bereits dargestellten Ergebnisse. Die detektierten Emissionsintensitäten liefern ein Abbild der lokalen Vorgänge im Reaktor (oszillierende Anteile). Auch hier läßt sich ein übergeordneter, globaler Kurvenverlauf feststellen. Es ist daher zu überprüfen, ob sich aus diesem Zusammenhang weitere Informationen ableiten lassen; z. B. zu den sich verändernden Gaskonzentrationen im Reaktionsvolumen als Funktion der Gasströmung oder der Reaktionsvorgänge.

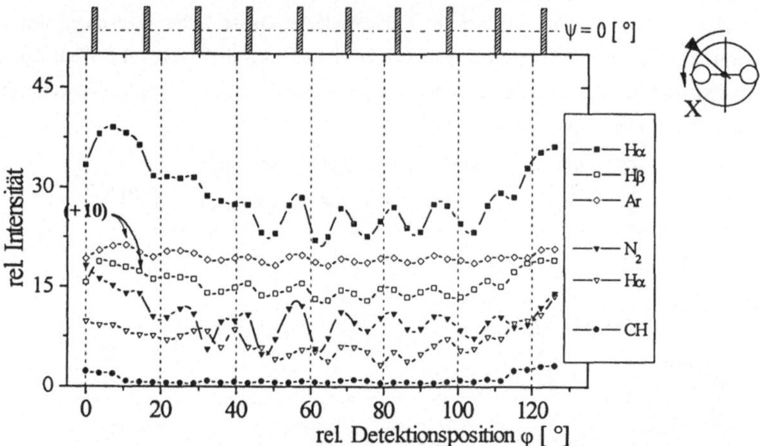

Bild **62** Emissionsintensitäten in Abhängigkeit der Probenanordnung (hier: $\psi = 0$) über der Winkelkoordinate der Detektionsposition (φ)

Um aus den dargestellten Kurvenverläufen weitere Aussagen abzuleiten, wurden die oszillierenden Anteile mittels einer Glättungsfunktion entfernt. Mit den so ermittelten Vergleichsintensitäten wurden Quotienten gebildet (vgl. Kap. **4. 3** S. 74), die z. B. als lokale Aktivität (relative Elektronentemperatur) oder relative Konzentration prozeßrelevanter Spezies im Plasma interpretiert werden können.

Die Werte wurden in einem Diagramm über der ortsabhängigen Detektionskoordinate (Winkel φ) aufgetragen (Polarkoordinatensystem vgl. Bild 63). Zwischen den meßtechnisch erfaßten Bereichen wurde interpoliert (Bereiche: 36°-90° und 216°-270°). Dies erscheint zulässig, da die Meßreihen jeweils innerhalb eines Prozeßzyklus aufgenommen wurden und nur stetige Veränderungen aufteten.

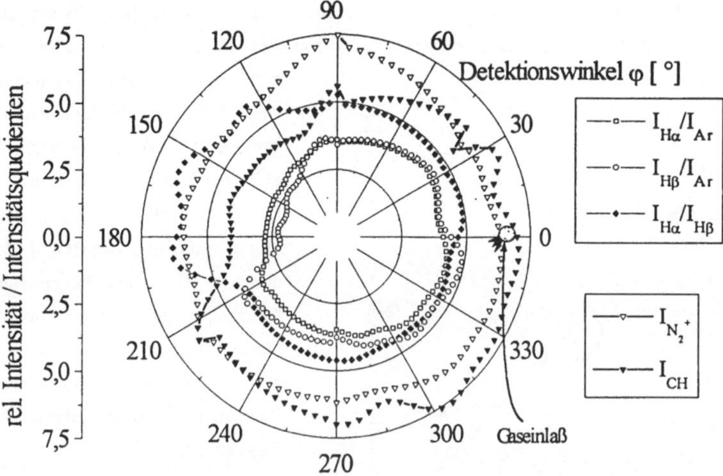

Bild 63 Relative Intensitäten und Quotienten über der Detektionskoordinate in einem großvolu migen zylindrischen Reaktor (Polarkoordinaten). Der Gaseinlaß befindet sich in Höhe der Meßebene. Die Ausdehnung homogener Plasmabereiche und deren Position in der experimentellen Anordnung erscheint in Abhängigkeit des Gaseinlasses sowie der sich ausbildenden Stömung (betont: Richtungseffekt der Gaseinströmung Bereich 300- 0°)

Die relative Konzentration reaktiver Spezies weist eine eindeutige Abhängigkeit von der geometrischen Position und Richtung der Gasführung im Reaktor auf (vgl. $I_{H\alpha}/I_{Ar}$ und $I_{H\beta}/I_{Ar}$). Dieser Zusammenhang erscheint hier betont; im wesentlichen wird er durch die lokale Reaktivität hervorgerufen. In großen Reaktorvolumen führt dies zu einer Veränderung der durch Massenflußregler vorgegebenen Gaszusammensetzung. Die Konzentrationsunterschiede der lokalen Gaszusammensetzung können in diesen Systemen nicht vollständig durch Diffusionsvorgänge ausgeglichen werden. Dies bedeutet, daß sich in Abhängigkeit der Gaströmung im Reaktor differierende Gaskonzentrationen einstellen, die die inneren Plasmakonditionen und damit die Prozeßkonditionen beeinflußen. Dieser Effekt wird im dargestellten System besonders deutlich durch die relative Elektronentemperatur $I_{H\alpha}/I_{H\beta}$ herausgestellt.

Diese Vorgänge sind vom Druck, vom Gasfluß sowie von den geometrischen Randbedingungen im Reaktor abhängig. Die Ergebnisse zeigen folglich auf, daß unmittelbar zusammenhängende, homogene Wirkbereiche (Bereiche ähnlicher innerer Plasmazustände) detektiert werden können.

5. 5 Prozeßüberwachung im Reaktorvolumen

Eine ergänzende Fragestellung betrifft die Detektion unterschiedlicher Aktivitätsbereiche in einem großvolumigen Reaktor, die als Folge der Bauteilanordnung auftreten können. Für diesen Versuchsteil wurde der Basisversuchsaufbau (vgl. Bild 64) durch ein halbkreisförmiges Gitter (~210°) modifiziert. Dieses Gitter wurde, als Kathode geschaltet, zwischen die Werkstücke (Meßaufbau) und Reaktorwand aufgestellt. Mit dieser Meßanordnung wird eine variable Beladungsdichte simuliert, bei der einzelne Werkstücke z. T. eng beeinander angeordnet sind. Diese Aufbauten induzieren Zonen unterschiedlicher Aktivität, bedingt durch z. B. lokale Konzentrationsänderungen der reaktiven Gasspezies (Abschattung der Gasströmung), aber auch durch das Auftreten lokaler Interaktion einander überlappender Plasmasäume.

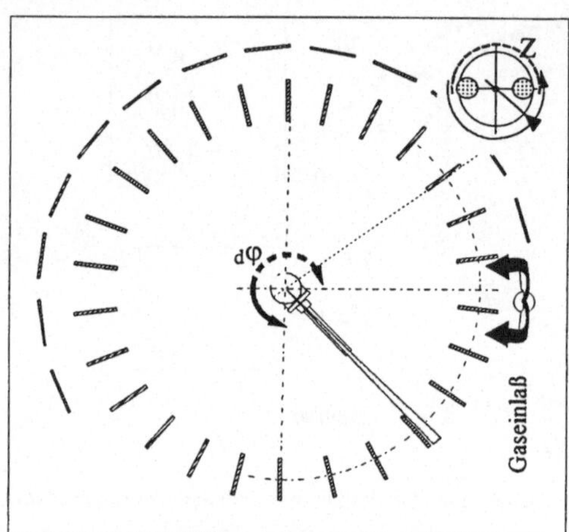

Bild 64 Detektion unterschiedlicher Aktivitätsbereiche in einem großvolumigen Reaktor

Um hier den Einfluß der Gaseinströmung zu unterdrücken, wurden die Gase in den Reaktorbereich über der Meßanordnung eingelassen. Es kann daher von einer gleichmäßigen Ausgangskonzentration der Gasbestandteile ausgegangen werden. Die dargestellten zwei Prozesse unterscheiden sich nur in der Gaszusammensetzung. Es wurde ein binäres $\Phi_N'' = H_2 / Ar$ und ein ternäres $\Phi_N''' = H_2 / Ar / CH_4$ Gasgemisch untersucht.
Für diese Meßreihen wurde die Schrittweite (Winkelkoordinate) zwischen den einzelnen Meßpunkten verdoppelt ($\varphi = 7{,}2°$). Die Erhöhung der Detektionsschrittweite führt zu einer gewissen Nivelierung der registrierten Werte, da die einzelnen Detektionsplätchen nicht mehr einzeln aufgelöst erscheinen. Die Emissionsintensitäten wurden in einer Ebene über den gesamten Reaktorumfang vermessen.

Die Intensitätsverläufe der beiden Prozesse (vgl. Bilder 65 und 66) unterscheiden sich nicht signifikant. Es lassen sich, in Übereinstimmung mit dem Meßaufbau, zwei Bereiche differierender Niveaus der Emissionsintensitäten feststellen: Ein Bereich erhöhter Emissionsintensität, der einer hohen Beladung zugeordnet werden kann, sowie die Restzone, in der niedrigere Emissionsintensitäten registriert werden (niedrige Beladungsdichte). Es kann abgeleitet werden, daß die Emissionsintensitäten eine unmittelbare Korrelation zum Meßaufbau aufzeigen (hier: in Funktion der Beladungsdichte, aber auch für unterschiedliche Gasmischungen).

Die Ergebnisse der relativen Intensitäten führen zu einer ersten Unterscheidung der lokalen Aktivität im Reaktor. Der für den Prozeß wichtigere Einfluß auf die innere Charakteristik des Plasmas kann erst durch die relativen Intensitätsquotienten dokumentiert werden (vgl. Bild **67** und **68**).

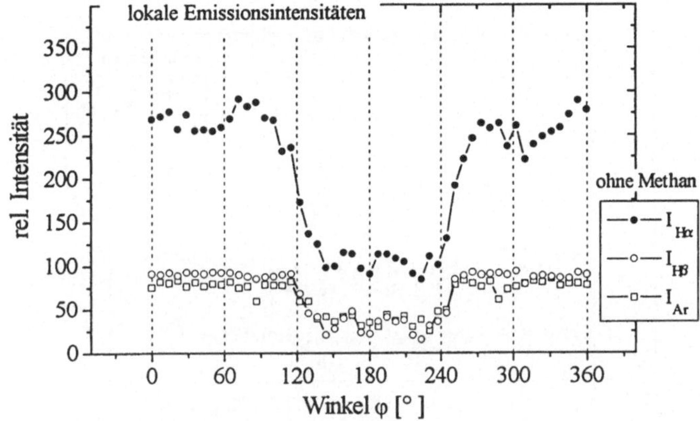

Bild **65** Vergleich lokaler Emissionsintensitäten (Hα, Hβ, Ar) über dem Detektionswinkel φ als Funktion unterschiedlicher Beladungsdichten. Prozeßparameter: $I(P_D)$= 1A, f_{DC}~ 1kHz, p = 25Pa, T~ 150°C, U = 500V, Q_V = 350sccm, Φ_N''= 20%Ar + 80%H_2

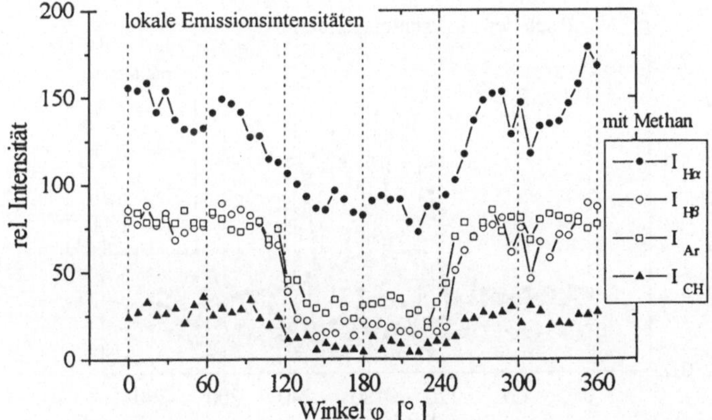

Bild **66** Vergleich lokaler Emissionsintensitäten (Hα, Hβ, Ar, CH) über dem Detektionswinkel φ als Funktion unterschiedlicher Beladungsdichten. Parameter: f_{DC}~ 1kHz, $I(P_D)$= 1A, p = 25Pa, T~ 150°C, U = 500V, Q_V = 350sccm, Φ_N''' = 20%Ar + 0,8(95%H_2 + 5%CH_4)

Die Auswertung der Untersuchungsergebnisse, die auf den Quotienten der relativen Emissionsintensitäten beruhen (vgl. Bilder **67** und **68**), weisen den beiden Reaktionszonen deutlich unterschiedliche innere Prozeßzustände zu. Es kann festgestellt werden, daß im Bereich der hohen Beladungsdichte ein gleichmäßiges, homogenes Verhalten auftritt. Im Gegensatz dazu erscheint dieses Verhalten in der Zone niedriger Beladung in starker Abhängigkeit der Gaszusammensetzung.

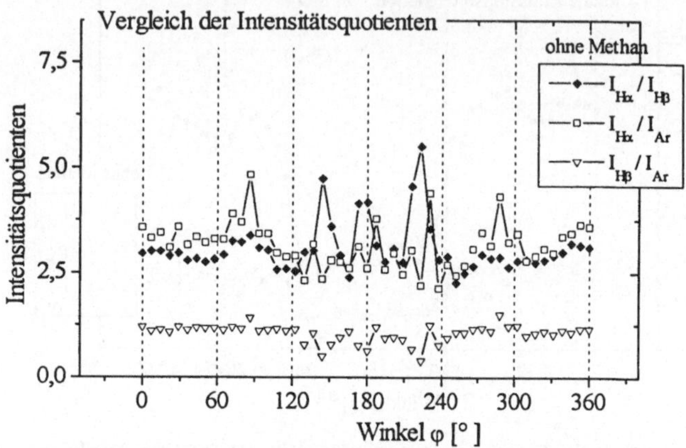

Bild 67 Vergleich lokaler Intensitätsquotienten ($I_{H\alpha}$, $I_{H\beta}$, I_{Ar}) über dem Detektionswinkel φ als Funktion einer unterschiedlichen Beladungsdichte. Parameter: f_{DC} ~ 1kHz, $I(P_D)$= 1A, p = 25Pa, T~ 150°C, U = 500V, Q_V = 350sccm, Φ_N" = 20%Ar +80%H_2

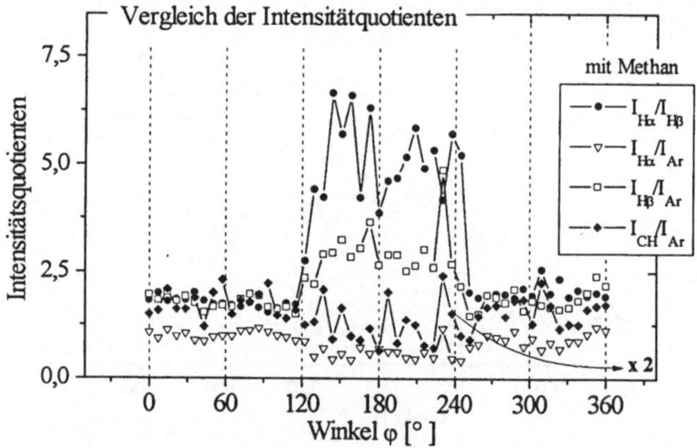

Bild 68 Vergleich lokaler Intensitätsquotienten ($I_{H\alpha}$, $I_{H\beta}$, I_{Ar}, I_{CH}) über dem Detektionswinkel φ als Funktion einer unterschiedlichen Beladungsdichte. Parameter: p = 25Pa, I= $f(P_D)$= 1A, T~ 150°C, U=500V, f_{DC} ~ 1kHz, Q_V = 350sccm, Φ_N''' = 20%Ar + 0,8(95%H_2 + 5%CH_4)

Auch die Ergebnisse der zugehörigen experimentellen Oberflächenbehandlungen sind eng mit diesen lokalen Aktivitätsbereichen verknüpft. Insbesondere bei Prozessen mit enger phänomenologischer Toleranz wie, z. B. bei Abscheidung aus plasmaaktivierten Gasphasen, ergeben sich große Unterschiede in der Qualität der erzielten Resultate. So wurde bei den Abscheidungsuntersuchungen zu harter Kohlenstoffschichten a-C:H eine in Abhängigkeit der variierende Abscheiderate (und in Folge der Schichtstruktur) als Funktion lokaler Zustandsbedingungen des Plasmas festgestellt.

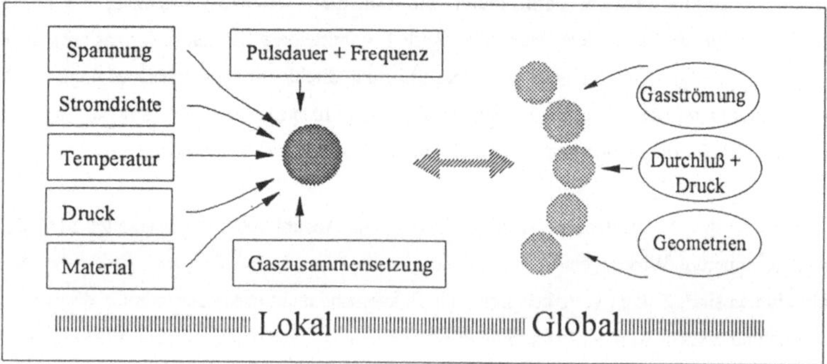

Bild 69 Schema der Zusammenhänge lokaler Arbeitspunkte und globaler Bereiche

Relation lokaler und globaler Zusammenhänge in großvolumigen Reaktoren

Die Relation der Zusammenhänge, die im bisher dargestellten Untersuchungen ermittelt wurden, führen zu folgenden Ergebnissen:

- Oberflächenbehandlungen in plasmaangeregten Gasphasen sind von einer Vielzahl lokaler und globaler Bedingungen abhängig.
- Es muß unterschieden werden, ob in situ, ex situ, lokale oder integrale Diagnostikmethoden für die Prozeßentwicklung und Überwachung verwendet werden können.
- Der Einsatz entsprechend modifizierter, optischer in situ-Diagnostikmethoden in großvolumigen Reaktoren erlaubt es, lokale Zustandsänderungen zu detektieren und damit den Übergang zu globalen Zustandsbedingungen zu erfassen. Damit wird die Relation der beiden Bereiche geschlossen.

Aus den bisherigen Ergebnissen läßt sich ableiten, daß die Umsetzung lokal optimierter Zonen auf größere globale Bereiche durch den Einsatz passiver optischer in situ-Plasmadiagnostiken wesentlich unterstützt wird. Das bedeutet auch, daß umgekehrt unter den dargestellten Voraussetzungen der Übergang zu einer lokalen Optimierung begründet ist. Die Messungen der inneren Vergleichswerte muß dabei während eines Prozeßzyklus erfolgen, um Unterschiede, die durch Prozeßschwankungen entstehen, zu minimieren. Aus den ermittelten relativen Unterschieden können Prozeßtoleranzen abgeleitet werden, die mit der Qualität der Behandlung in Abhängigkeit von den (lokalen) Behandlungszuständen verknüpft sind.

6 Charakterisierung eines Plasmaprozesses: praktische Anwendung der passiven optischen in situ-Plasmadiagnostik

Der Nutzen der passiven optischen Plasmadiagnostik in der Entwicklungs- und Optimierungsphase einer Oberflächenbehandlung besteht darin, durch die Detektion von Emissionslinien, die durch innere Wechselwirkungen im Plasma entstehen, eine zeitlich unmittelbare Zustandsinformationen zu erhalten. Mittels dieser Meßgrößen läßt sich die Prozeßführung direkt auf die phänomenologische Wirkung relevanter Parameter zurückzuführen. Solche Zusammenhänge lassen sich sowohl für Intensitätsverläufe als auch für die Quotienten ausgesuchter Atom- oder Molekülemissionen aufzeigen.

Die Umsetzung dieses Ansatzes weist in der Praxis eine Anzahl von Schwierigkeiten auf, die auf die komplexen, inneren Wirkungen von Plasmen sowie ihrer Interaktion mit Festkörperoberflächen zurückzuführen sind. Zudem verhalten sich viele Phänomene nicht linear und müssen detailliert auf ihre Auswirkung untersucht werden. Insbesondere wenn eine enge phänomenologische Wirkung gezielt optimiert werden soll, muß der Plasmaprozeß detailliert charakterisiert werden (vgl. Schema in Bild **70**).

Der innere Prozeßverlauf kann als Funktion eines charakteristischen Plasmazustandes beschrieben werden, der u. a. von der Entwicklung der relativen Elektronentemperatur und Dichte, der relativen Konzentration reaktiver Spezies und ionisierter Teilchen abhängt. Diese Größen beeinflussen die physikalisch-chemische Wirkung eines Plasmas auf die Werkstückoberfläche. Sie wird dabei durch einen (energiereichen) Ionenbeschuß der Bauteiloberfläche unterstützt. Für eine effektive Prozeßentwicklung muß daher das Verhalten der inneren Größen eines Plasmas (in Form von Kennlinien/Kennlinienfeldern) in Korrelation zu äußeren Parametern bekannt sein oder ermittelt werden:

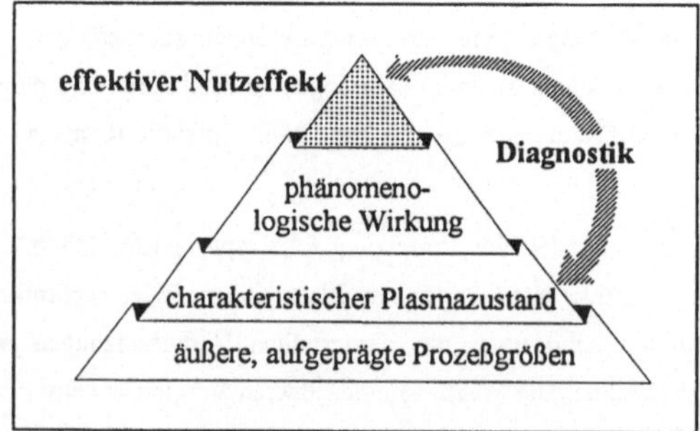

Bild 70 Schematischer Zusammenhang der Optimierung eines plasmaaktivierten Oberflächenprozesses

- dem Druck und der Gaszusammensetzung (Menge der reaktiven Gasbestandteile);
- den gascharakteristischen Strom-Spannungskennlinien;
- der Frequenz (zeitlich variierende Anregungsformen (hier: Puls-DC);
- zu der eingespeisten Wirkleistung.;
- zu der Behandlungstemperatur und dem Einfluß des Kathodenmaterials (hier: Bauteilwerkstoff).

Diese Auflistung berücksichtigt nur eine Auswahl der wichtigsten Parameter. In der Praxis, insbesondere in großvolumigen Reaktoren, treten zudem weitere prozeß- und qualitätsrelevante Phänomene auf (Temperaturgradienten im Chargiergut, ausgeprägte Gasströme, Störungen durch Hohlkathodeneffekte...), die für eine erfolgreiche Verfahrensanwendung in Folgeschritten ermittelt und an die vorliegenden Anwendungsfälle angepaßt werden müssen.
Für diesen zentralen Aufgabenbereich bietet sich als eine der möglichen Lösungsstrategien der Einsatz passiver optischen Plasmadiagnostikmethoden an. Durch die Detektion gas- und prozeßspezifischer Emissionen erschließt man eine Informationsquelle, die die lokalen Plasmazustände berücksichtigt.
Diese Informationen ermöglichen, - geeignet aufbereitet - eine Korrelation äußerer Parameter sowie der ex situ ermittelten Wirkung einer Oberflächenbehandlung darzustellen. Die in Bild 71 abgebildeten Emissionsspektren von Ar, H_2, CH_4 sowie einer ternären Gasmischung ($Ar + H_2 + CH_4$) unterstreichen die stoffabhängigen Unterschiede der betrachteten reaktiven Gasgemische. Dargestellt sind die charakteristischen Emissionsspektren im Bereich 400-490nm.

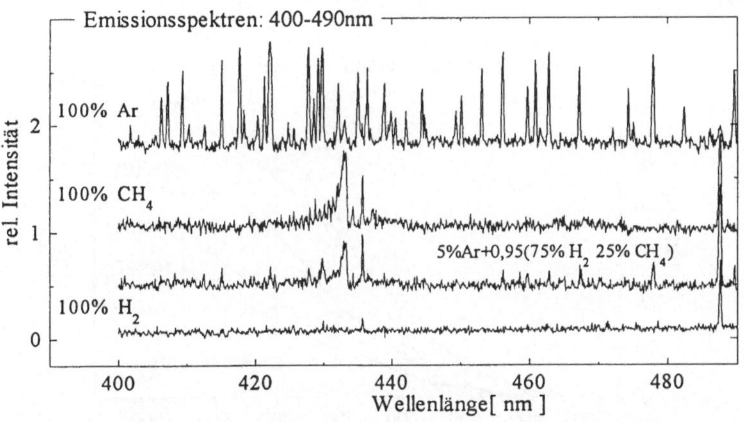

Bild 71 Emissionsspektren verschiedener Gase (hier: Φ_N' = Argon; Wasserstoff; Methan), die bei der vorliegenden Untersuchung zur Abscheidung von a-C:H-Schichten eingesetzt wurden. Zentraler Bereich des dargestellten Spektrums (400-490nm) ist die CH-Molekülbande ($A^2\Delta$ - $X^2\Pi$, 431.4 nm)

Im weiteren Verlauf dieses Kapitels wird der PACVD-Prozeß zur Abscheidung amorpher Kohlenstoffschichten (a-C:H) für die Puls-DC-Verfahrenstechnologie unter plasmadiagnostischen Gesichtspunkten charakterisiert. Der parallel durchgeführte experimentelle Vergleich, z. B. der Schichteigenschaften oder der Haftungsbedingungen, soll eine fundierte Basis für einen weitere Anwendung dieser Schicht-Verfahrenstechnologie aufzeigen. In Verbindung mit den ermittelten Zusammenhängen für eine globale Umsetzung von Oberflächenprozessen (Basis: plasmaaktivierte Gasphasen) führt dies zu einem industriell einsetzbaren Prozeß.

6. 1 Charakterisierung eines Plasmaprozesses: Einfluß der Spannung und der charakteristischen Stromdichte

Obwohl sich die charakteristische Stromdichte (hier: Prozeßstromdichte) einer gepulsten DC-Glimmentladung als Funktion der Spannung, der Pulsfrequenz und der zugehörigen Pulsdauer (resultierende eingespeiste Wirkleistung) in weiten Grenzen einstellen läßt, wird der maximal erreichbare Wert prinzipiell von der gasartabhängigen Strom-Spannungskennlinie limitiert. Die in Bild **72** dargestellten Kurvenverläufe entsprechen den in Kap. **2.2** aufgezeigten Bereichen der (anormalen) Gasentladung; Kurvensaum (Anstiegsbereich), Gradient und Übergang zur Zone der Bogenentladungen. Sie sind für die Charakterisierung einer Prozeßführung in großvolumigen Reaktoren wichtig, da sie das Verhalten und die Stabilität auf kleine Änderungen der Prozeßparameter oder Störungen im Arbeitspunkt beschreiben. In Bild **72** sind gemessene Kurvenverläufe in Abhängigkeit der binären Φ_N" und ternären Φ_N"' Gaszusammensetzung von Wasserstoff (H_2), Argon (Ar) und Methan (CH_4) dargestellt.

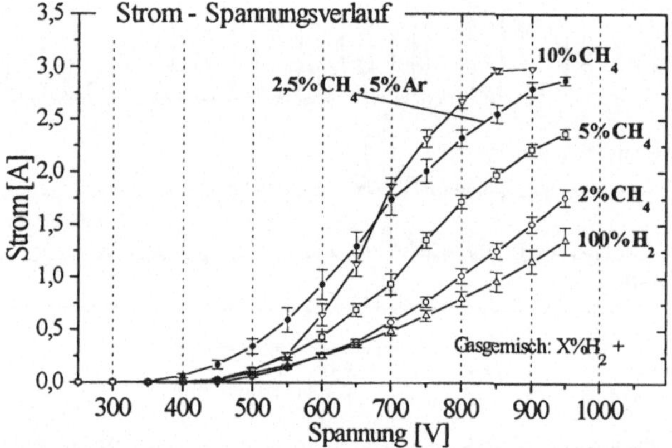

Bild **72** Strom-Spannungscharakteristik in einem großvolumigen Reaktor als Funktion der Gaszusammensetzung; Prozeßparameter: p = 20Pa, Q_V = 375sccm, f_{DC} = 10kHz, P_D = 50µs, T~150-270°C; die Fehlerbanden berücksichtigen die Temperatureinflüsse

An den Änderungen der Kennlinien in Abhängigkeit der äußeren Parameter ist deutlich der Einfluß und die Charakteristik der reaktiven Gaskomponenten im Plasma abzuleiten. Die Gradienten der Strom-Spannungsverläufe für binäre und ternäre Gasmischungen von CH_4 und Ar in H_2 entwickeln sich in Abhängigkeit der reaktiven Gasbestandteile zunehmend steiler. Das bedeutet, daß kleinere Spannungsschwankungen stärkeren Einfluß auf die Plasmacharakteristik aufweisen. Mit dieser Entwicklung ist die Verschiebung des Kurvenmaximums zu niedrigeren Spannungen verbunden. Dieses Maximum bildet den Übergang der Glimmentladung zu der Bogenentladung.

Für den vorliegenden Fall läßt sich feststellen, daß bereits für einen CH_4-Anteil von 10% in einer binären H_2/CH_4-Gasmischung der unmittelbare Übergangsbereich zu den Bogenentladungen bei ~850V auftritt. Diese Entwicklung hat Konsequenzen für die Prozeßführung, da sowohl die Stromdichte als auch die Spannung die Abscheidungsbedingungen und die Schichtstruktur beeinflussen.

Die Schichtbildung und Wachstumsrate der a-C:H-Struktur hängt in starkem Maße vom Beschuß der Kathodenoberfläche mit Ionen ausreichend hoher Energie ab; wird dieser Parameter erhöht, intensivieren sich alle damit verbundenen Wechselwirkungseffekte. Die Energie der Ionen wird als Funktion der Spannung und des Drucks über den Kathodenfall beeinflußt, die Beschußintensität über die Stromdichte. Der Abtrag schwach gebundener oder angelagerter Teilchen erhöht sich wie eben auch die Anzahl der Vorgänge, die zu der gewünschten Schichtbildung führen. Unter diesen Umständen führt die Erhöhung der Konzentration der reaktiven Gaskomponente zu einer Vergrößerung der Abscheiderate, da sich verstärkt neutrale Teilchen an die Oberfläche anlagern, aus denen die a-C:H-Schichtstrukturen gebildet werden können.

Eine erste Optimierung dieses komplexen Abscheidevorgangs erfolgt unter Berücksichtigung einer maximal zulässigen Stromdichte. Wird diese Größe überschritten, kann sich im großvolumigen Reaktoren die Anzahl der durch kleine Störungen induzierten lokalen Bogenentladungen erhöhen. Solche Plasmastörungen sind für elektronisch geregelte Prozeße in gepulsten Glimmentladungen nicht kritisch, die Schichten weisen dagegen als Folge dieser (Bogen) Entladungsvorgänge eine größere Anzahl von Fehlstellen und Löchern auf, wie sie in Bild **73** dokumentiert sind.

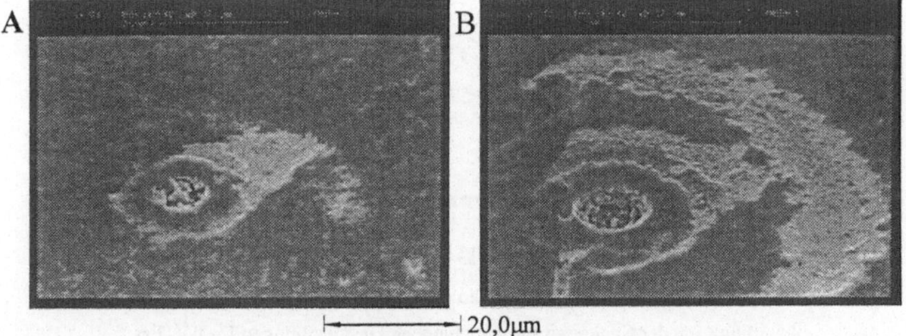

Bild **73** Schichtzerstörungen auf Bauteilen durch lokale Bogenentladungen: Folgeeffekte einer zu hohen charakteristischen Flächenstromdichte. Abscheidungsbedingungen: Q_V = 375sccm, f_{DC} ~ 1kHz, T ~ 250°C, p = 50Pa, U = 650V, Φ_N''' = 5%Ar + 0,95(75%H_2 +25%CH_4); $I(P_D)$ = 1,3A; **A**: und **B**: Störstellen auf Stahlsubstraten

Es ist anzunehmen, daß die besondere Struktur der Störstellen durch den impulsartigen, sehr hohen Energieeintrag der Bogenentladung induziert wird. Dabei wird eine lokale Temperatur- und Druckwelle auslöst, die zu einer ringförmigen (wellenförmigen) Zone führen kann (vgl. Bild **73**).

Eine wichtige Bezugsgröße der inneren Prozeßzustände bei der Oberflächentechnik auf der Basis plasmaaktivierten Gasphasen stellt die relative Elektronentemperatur dar. Physikalisch korrekt ist diese Größe schwierig zu ermitteln (vgl. Kap. 4. 3 S. 80); um dennoch über eine aussagekräftige und zuverlässige Kenngröße zu verfügen, wird der Quotient der Wasserstofflinien Hα und Hβ als lokale, relative elektroneninduzierte Aktivität (REA) interpretiert. Dem Verhalten dieser Größe in Abhängigkeit der zugehörigen Strom-Spannungscharakteristik kann dann ein übergeordneter Aspekt der Prozeßführung zugeordnet werden. Um eine erste Übersicht der Zusammenhänge zu ermitteln, wurden bei der Untersuchung der Strom-Spannungskennlinien die beiden Emissionsintensitäten Hα und Hβ detektiert. Die gemessenen REA-Werte wurden als Funktion über der Spannung aufgetragen. Die Pulslänge und Frequenz wurden bei diesem Experiment konstant gehalten. Das bedeutet, daß nur die inneren Vorgänge (Innenwiderstand des Plasmas) den Strom begrenzen (vgl. Bild 72 S. 107).
Diese Messungen wurden für verschiedene Gasmischungen durchgeführt, wobei ergänzend zu Kap. 5. 4 zwei unterschiedliche Beladungsbereiche im großvolumigen Reaktor erfaßt wurden. Damit soll der Bezug zu einer hohen (**R**) und einer niedrigen (**Q**) Chargierungsdichte dargestellt werden. Die Ergebnisse dieser Meßreihen sind in Bild **74** zusammengefaßt.

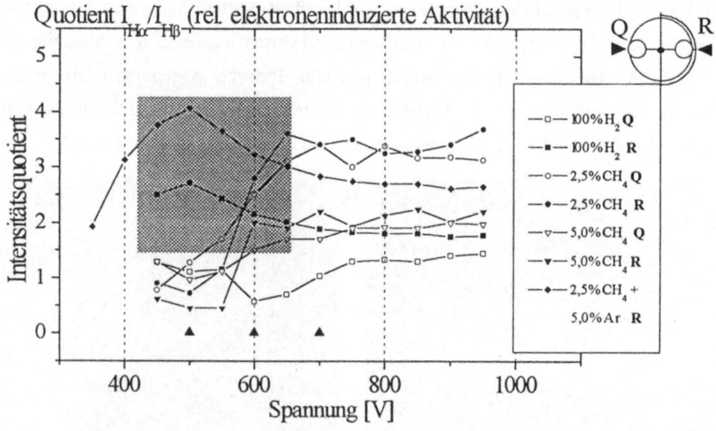

Bild **74** Quotienten der Wasserstofflinien Hα, Hβ (rel. elektroneninduzierte Aktivität) als Funktion der Spannung für verschiedene Gasmischungen $I = f(V, P_D, f, \Phi_N''')$, Prozeßparameter: p = 20Pa, f_{DC} = 10kHz, P_D = 50µs, Q_V = 375sccm, T= 150-270°C; **Q, R:** Detektionsposition. Die Werte im schraffierten Bereich weisen eine hohe Meßunsicherheit auf und können nur bedingt interpretiert werden

Aus dem ermittelten Kurvenverlauf können zwei grundsätzliche Tendenzen für die Abhängigkeit und Entwicklung der REA-Werte abgeleitet werden. Zum einen wird der Einfluß der Gaszusammensetzung auf diese Größe unterstrichen, zum anderen sieht man eine markante Auswirkung der Spannung auf den Verlauf der REA-Funktion. So kann festgestellt werden, daß die REA-Werte ab einer gewissen Schwellenspannung deutlich ansteigen, um sich dann auf einem höheren Niveau zu stabilisieren.

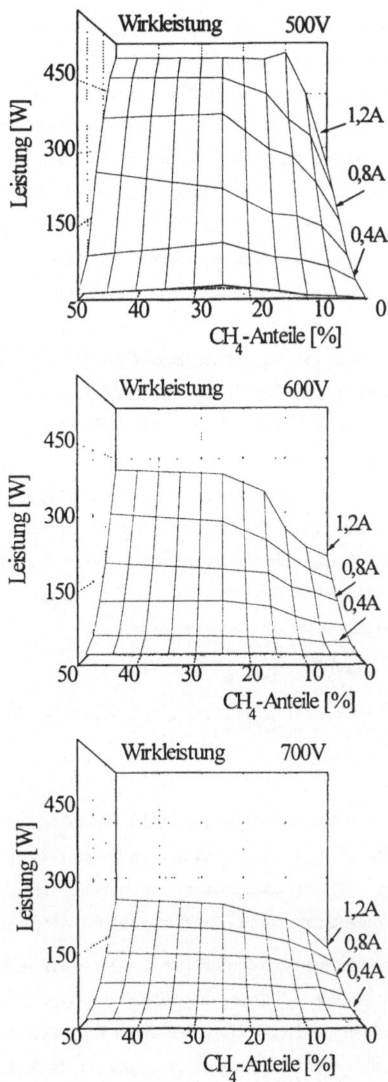

Bild **75** Eingebrachte Wirkleistung als Funktion der Spannung und der CH_4-Anteile in einer ternären Gasmischung Φ_N'''

Da sich bei diesen ersten Experimenten die Stromdichte über die zugehörige Spannung einstellt (und damit die eingespeiste Wirkleistung), muß von einer Überlagerung verschiedener innerer Effekte ausgegangen werden. Um diesen Prozeß und die phänomenologische Wirkung detaillierter zu charakterisieren, müssen die Parameter Strom und Spannung entkoppelt und getrennt untersucht werden.

Für das untersuchte Puls-DC-Verfahren wird dies erreicht, indem bei einer vorgegebenen Spannung das Verhältnis der Pulsdauer zur Pulsfrequenz verändert wird. Dieser Quotient beeinflußt die in das Plasma eingespeiste Wirkleistung, die gas- und druckabhängig mit der charakteristischen Prozeßstromdichte verknüpft ist. Durch ein geeignetes Verhältnis dieser beiden Parameter läßt sich somit für eine vorgegebene Spannung (und Kathodenfläche) die Stromdichte einstellen.

Ausgehend von den Ergebnissen in Bild **74** wurden für die Folgeuntersuchungen drei Spannungen ausgewählt (500V, 600V, 700V). Die Prozeßstromdichte wurden dann im jeweiligen Spannungsniveau stufenweise um $\Delta I = 0{,}2A$ zwischen 0,2 und 1,2A variiert, während die Konzentration der reaktiven Gasphasenanteile über den CH_4-Anteil des ternären Gasgemisches verändert wurde. Für die plasmadiagnostischen Untersuchungen und Auswertung der ermittelten Werte wurden jeweils diese eng verbundenen drei Prozeßparameter zugrundegelegt.

Die Prozeßbedingungen waren: P_D = variabel, $f_{DC} \sim 1kHz$, U= 500V, 600V, 700V, T~ 250°C, $\Phi_N''' = 10\%Ar + 0{,}9(100-Y\%H_2 + Y\%CH_4)$, $Q_V = 375sccm$, p = 20Pa.

In Bild **75** ist die Entwicklung der Wirkleistung unter den dargestellten Bedingungen aufgetragen. Es zeigt sich, daß die Spannung einen

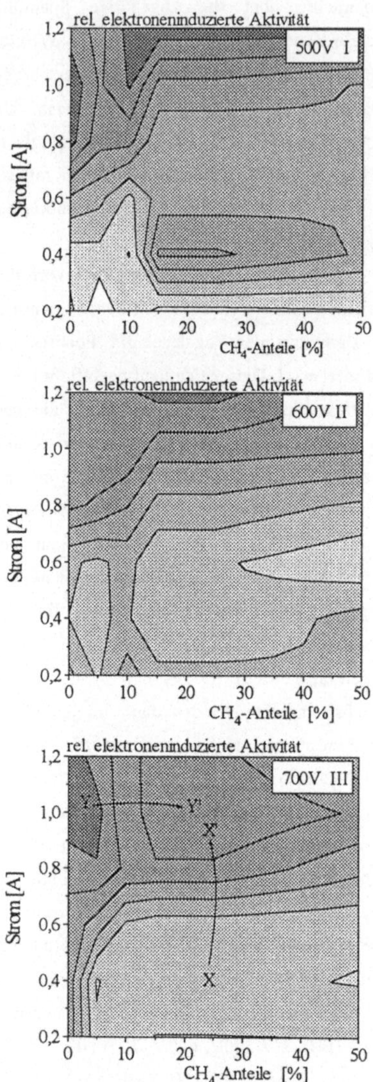

Bild 76 Relative elektroneninduzierte Aktivität $I_{H\alpha}/I_{H\beta}$ als Funktion der Stromes und des relativen CH4-Anteils an der ternären Gasmischung

starken Einfluß auf die inneren Vorgänge aufweist, die zu einer Bereitstellung der Ladungsträger (hier: z. B. Ionisierung) führen. Mit steigender Spannung sinkt die in das Plasma eingebrachte Leistung, die für eine zugehörige Stromdichte benötigt wird. Die Abhängigkeit von der Gaszusammensetzung kann man insbesondere bei geringen Konzentrationen <15% der reaktiven Gaskomponente beobachten. Über diese Konzentration hinaus scheint ein Sättigungsbereich erreicht zu werden. Die Messung der relativen elektoneninduzierten Aktivität (REA) dokumentiert die (lokal betrachteten) inneren Vorgänge in der Niederdruck-Gasentladung. Die nebenstehenden Kennlinienfelder (Bild 76) stellen die Entwicklung der REA als Funktion der charakteristischen Prozeßstromdichte (0,2-1,2A) und der Gaszusammensetzung (0%- 50% CH_4-Anteil) dar. Die gewählte Darstellungsform bietet den Vorteil, die phänomenologischen Vorgänge (im Plasma und in ihrer Wirkung) auf die zugehörigen Basisparameter zurückführen zu können.

Legende: $I_{H\alpha}/I_{H\beta}$

2.05 -- 2.20	1.90 -- 2.05	1.75 -- 1.90
1.60 -- 1.75	1.45 -- 1.60	1.30 -- 1.45
1.15 -- 1.30	1.00 -- 1.15	0.85 -- 1.00

Die qualitative Analyse dieser drei Kennlinienfelder unterscheidet drei prinzipielle Einflüsse: Die Spannung, die charakteristische Stromdichte und die Gaszusammensetzung (Funktion des CH_4-Anteils).

Betrachtet man den Einfluß der Spannung, der im Fall der in das Plasma eingebrachten Wirkleistung dominierte, stellt man fest, daß dieser Parameter auch für die inneren Aktivität eine globale Bedeutung aufweist (vgl. Bild **76** I-III). Es kann eine generelle Verschiebung der Aktivitätsbereiche festgestellt werden, die zu einer deutlichen Unterscheidung (Stufe **X → X'** in Bild **76** III) zwischen den beiden Aktivitätsniveaus führt.

Die Auswirkungen der Plasmaaktivität (hier: z. B. Effekte auf eine Bauteiloberfläche), die mit diesem inneren Parameter gekoppelt sind, stabilisieren sich zu höheren Stromdichten. Diese Entwicklung ist dabei sehr eng von der Zusammensetzung des Arbeitsgases abhängig (Y→Y' in Bild 76 III). In der Praxis überlagern sich die Wirkungen der beiden Effekte und müssen detailliert diskutiert werden.

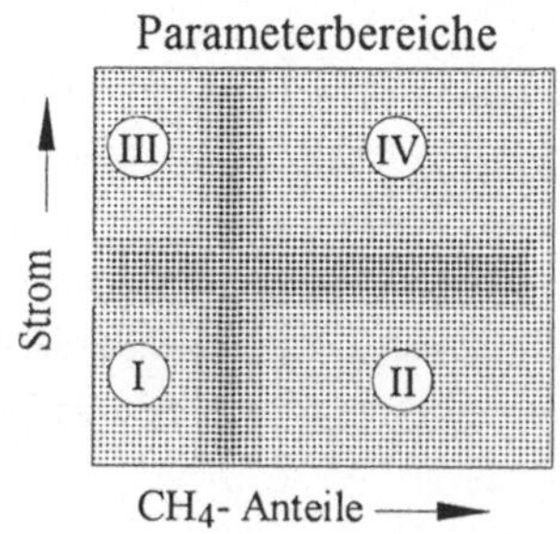

In den Kennlinienfeldern können folgende Einflüsse unterschieden werden:

- **Y-Y'**: Aktivitätsübergang im Plasma als Folge der Veränderung der Gasmischung. In Bild **77** Parameterbereich I→II;
- **X-X'**: die stufenförmige Erhöhung der REA-Werte als Folge höherer Stromdichten. In Bild **77** Parameterbereich III→IV.

Bild 77 Unterscheidung der gefundenen Effekte im Kennlinienfeld: CH_4 / charakteristischer Strom; (vgl. Bild 76) Y-Y', X-X'

Die Auswirkungen dieser Effekte haben eine wichtige praktische Bedeutung für die Optimierung des untersuchten Abscheidungsprozesses und den Arbeitspunkt. Es lassen sich ergänzende innere Prozeßvorgänge ableiten. Dieser Zusammenhang wird im folgenden betrachtet.

Charakteristischer Strom

Bei die Entwicklung der REA (relative elektroninduzierte Aktivität) als Funktion der charakteristischen Stromdichte können zwei Bereiche unterschieden werden:
Für geringe Stromdichten (hier: Übergangsbereich < 0,8A/m^2) bleibt das Aktivitätsniveau niedrig, während es sich für höhere Stromdichten auf einem deutlich erhöhten Niveau einstellt (Parameterbereich I, II → III, IV). Eine weitere Steigerungen der Stromdichte führt zu keiner signifikanten Änderung der Plasmaaktivität. Der Arbeitspunkt (vgl. Bild **88**) wird aber zu kritischen Stromdichten verschoben, in denen verstärkt lokale Bogenentladungen auftreten und die zu behandelnden Oberflächen schädigen können.
Der physikalische Hintergrund dieser Aktivitätsentwicklung liegt in der Veränderung der dominierenden Anregungseffekte als Folge unter- bzw. überschrittenen Anregungsschwellen prozeßrelevanter Teilchengruppen. Diese Effekte basieren auf den zugehörigen energieabhängigen Wirkungsquerschnitten der jeweiligen Spezies für Elektronenstoßanregung. Dies läßt sich aus dem inneren Verhalten des Plasmas schließen, da (insbesondere) die eingekoppelte Wirkleistung einen stetigen Verlauf aufweist.

Zusammensetzung des Prozeßgases

Die innere Reaktivität von Plasmen binärer oder ternärer Gasgemische wird durch die Überlagerung der spezifischen Anregungs- und Wirkungseffekte der Einzelgase geprägt. Dies führt dazu, daß in derartigen Übergangsbereichen bereits geringfügige Änderungen der Gaszusammensetzung z. T. eine deutliche Wirkung auf die Plasmacharakteristik erfolgt. Diese Bereiche sind durch steile Übergänge verbunden.

Im vorliegenden Fall läßt sich dies in Abhängigkeit der Argon-Methananteile aufzeigen. Bis zu einem Anteil von ~10% CH_4 ist der Einfluß von Argon ausgeprägt, während ab ~ 15% CH_4 das innere Verhalten durch den Kohlenwasserstoff bestimmt wird. Dies kann man als Übergang eines binären zu einem ternären Plasmaverhalten interpretieren und beispielsweise über die Größe der Abscheidungsrate (vgl. Bild **88** S. 124) nachweisen. Bei einer weiteren Erhöhung der CH_4-Anteile bleibt die innere Plasmaaktivität vergleichsweise ähnlich. Im wesentlichen wird sie noch durch die charakteristische Stromdichten beeinflußt.

Die Wirkung eines binären Gasgemisches (H_2/Ar) ist besonders bei hohen Bias-Spannungen und niedrigen Drücken sehr reaktiv. Oberflächen werden durch Ionen und Radikale, in Abhängigkeit ihrer Werkstoffmatrix, angeätzt. Dieser Sachverhalt wird in den Bildern **78 A** und **B** gezeigt. Eine (Verbindungsschicht-frei) nitrierte Probe wurde für einen längeren Zeitraum behandelt (t ~ 2h). Im REM-Bild weist ihre Oberfläche gegenüber einer Vergleichsprobe eine deutliche Strukturierung auf. Die praktische Bedeutung eines solchen Behandlungsschrittes besteht in der Veränderung und Aktivierung der dünnen Randzone (Interface) vor einer Beschichtung.

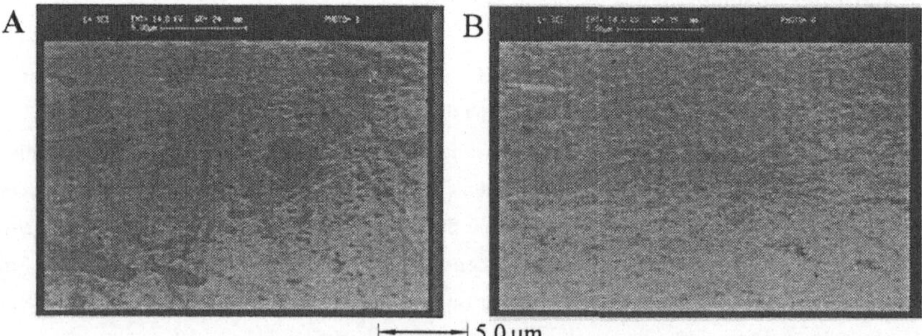

Bild **78** Reaktive Wirkung eines Plasmas (binäre H_2/Ar-Charakteristik)auf eine Bauteiloberfläche. Eine lange Behandlungsdauer führt zu einem selektiven Ätzen des Materials. **A**: Reaktive, ionenunterstützte Oberflächenbehandlung einer VS-frei nitrierten Probe **B**: Vergleichsprobe Prozeßparameter: p = 20Pa, T ~ 200°C, U > 800V, I)P_D) = 1A, f ~ 1kHz, Q = 375sccm, Φ_N''' = 15%Ar + 0,85(75%H_2 + 5%CH_4)

6. 2 Charakterisierung eines Plasmaprozesses: Gaszusammensetzung und Druck

Die in einem Plasma vorhandenen Gase beeinflußen durch die Überlagerung ihrer spezifischen Einzelgascharakteristik die nach außen wirksame Reaktivität. In der Folge weist man dann einer Prozeßgasmischung in Verbindung mit äußeren Parametern eine phänomenologische Wirkung auf eine Bauteiloberfläche zu. Die Summe der verschiedenen Effekte muß so abgestimmt werden, daß die gewünschten und benötigten Wirkungen optimiert werden und hinsichtlich der Prozeßführung in stabilen Zustandsbereichen verlaufen.

Die Charakteristik der Einzelgase wird drei Hauptgruppen zugeordnet, die vereinfacht eine erste Abschätzung der Reaktivität für die Abscheidung harter a-C:H-Schichten erlauben. Die Ergebnisse der inneren Aktivität (Funktion der elektroneninduzierten Aktivität), aber auch die relative Konzentration prozeßrelevanter Spezies (hier: H-Atome und CH-Moleküle) zeigen die Hauptunterschiede auf. Die gewählte Darstellung der Kennlinienfelder wird um die gemessenen Intensität der Ar-Emissionen ergänzt, die eng mit den vorherrschenden Anregungs- und Wechselwirkungseffekten zusammen hängen und in Abhängigkeit der Elektronenenergie den Prozeßzustand kennzeichnen.

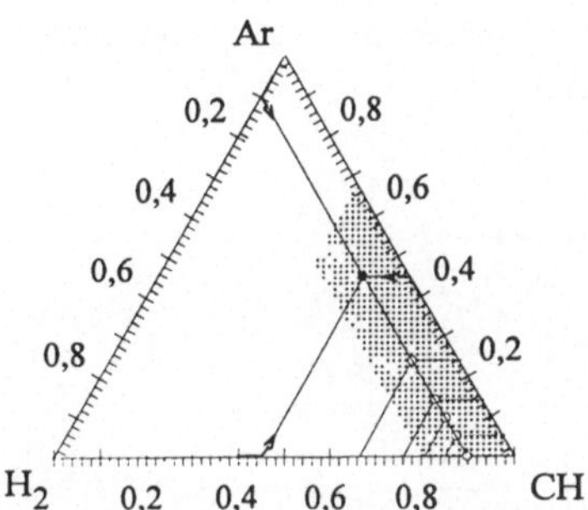

Bild 79 Darstellung ternärer Gasgemische, hier: Ar-CH_4-H_2

Um die benötigten Prozeßgaseigenschaften zu optimieren, werden häufig Untersuchungen in ternäreren Gasmischungen Φ_N''' durchgeführt, bei denen sich die Wirkungen der drei Einzelgase unterstützen und ergänzen können.

Derartige Gasmischungen können mit der nachfolgenden einfachen Gleichung beschrieben werden. $\Phi_N''' = X\%[A] + Y\%[B] + Z\%[C]$

Die in Bild 79 eingezeichnete schraffierte Zone bezeichnet den in der vorliegenden Arbeit untersuchten Bereich der Gasmischungen .

Es können die folgenden Charakteristika unterschieden werden:

- neutrales Trägergas: konzentrationsbestimmende Basiskomponente, hier: H_2;
- reaktive Gasbestandteile: chemische, plasmainduzierte Wirkung, hier: CH_4;
- stabilisierende Gaskomponenten und ionenunterstützende Effekte, hier Ar.

Die Ergebnisse der nachfolgend dargestellten plasmadiagnostischen Untersuchungen sollen zentrale Punkte einer anwendungsorientierten Betrachtungsweise herausstellen. Die Verknüpfung der einzelner Charakteristika (hier: Reaktionsverhalten verschiedener Gasbestandteile) der Einzelgase führt zu einem besseren Verständnis der phänomenologischen Wirkung.

Reaktive Gaskomponente: hier CH_4 bei der a-C:H-Abscheidung

Der Anteil der in einer Gasentladung enthaltenen Kohlenwasserstoffmoleküle (z. B. Fragmente) hat einen unmittelbaren Einfluß auf die Abscheidung harter a-C:H-Schichten (Depositionsrate, aber auch Schichteigenschaften). Die verwendeten Ausgangsstoffe (hier: gasförmige Kohlenwasserstoffe) werden im Plasma vorrangig durch Stöße mit Elektronen sehr schnell dissoziiert und angeregt. Die so gebildeten Fragmente können untereinander reagieren; die Folge ist eine Vielzahl von verschiedenen kohlenstoffhaltigen Molekülen im reaktiven Zustand, die wiederum die Abscheidungsvorgänge beinflussen (CH_4 + e → CH_4^*, CH_3, CH_2, CH, C, C_2H_2, C_2H_4, C_2H_6; neutrale Spezies sowie ionisierte und angeregte Formen). Die Konzentration jeder Teilchengruppen stellt sich über eine komplexe Gleichgewichtsreaktion in Abhängigkeit von den Prozeßparameter ein.

Um die relativen Anteile der einzelnen Teilchengruppen zu ermitteln und eine Verknüpfung zu den passiven optischen Diagnostikmethoden herzustellen, wurde während eines Abscheidungsprozesses in einem großvolumigen Reaktors, das Abgas massenspektrometrisch untersucht.

Das Ergebnis (vgl. Bild **80**) stellt die Mengenverhältnisse der CH_X-Fragmente über den entsprechenden Partialdrücken dar. Für diesen Fall kann ein Verhältnis von CH_4 : CH von ~ 1: 10 ermittelt werden. Diese Messung erlaubt es jedoch nicht, den Anteil der photonenemittierenden (angeregten) CH-Moleküle gegenüber den strahlungslosen im Grundzustand zu bestimmen.

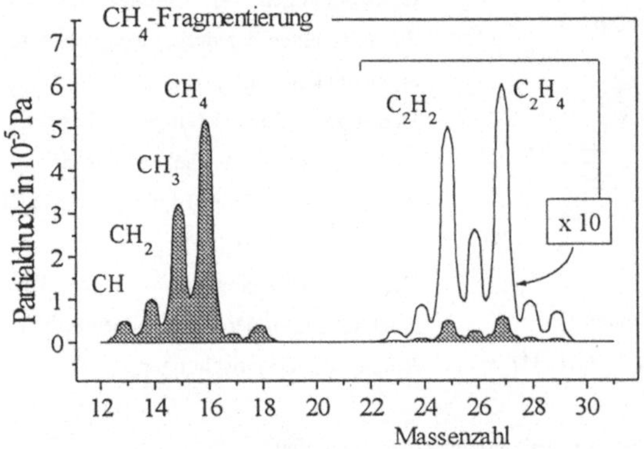

Bild **80** Massenspektrometrisch ermittelte CH_4-Fragmentierung im Abgas eines Reaktors während eines Abscheideprozesses (vgl. Bild **55** S. 95). Prozeßparameter: T = 250°C U = 650V, Φ_N''' = 10%Ar + 0,9(75%H_2 + 25%CH_4), I(P_D) = 1A, Q_V = 375sccm, p = 50Pa, f_{DC} ~ 1kHz.

Plasmaunterstützte Oberflächenprozesse, die zu einer Abscheidung führen sollen, müssen in einem Parameterbereich ablaufen, bei denen das Schichtwachstum im Vergleich zu den abtragenden Mechanismen (ionenunterstütztes Abstäuben, Unterstützung der Desorption) überwiegt.

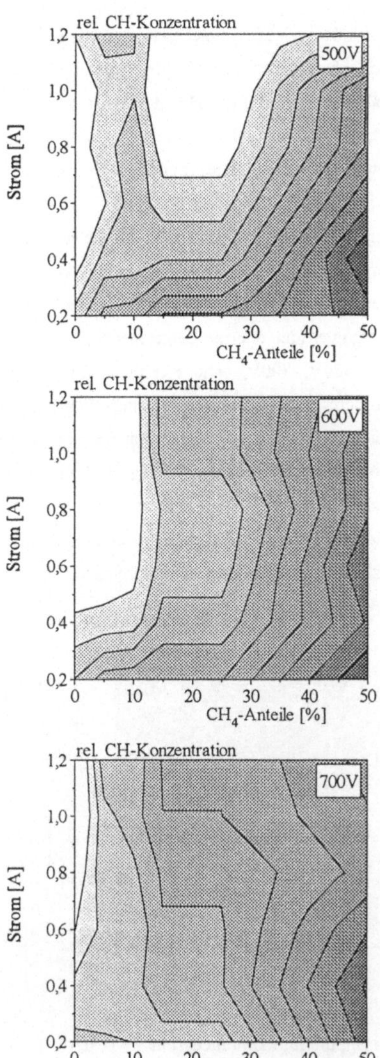

Bild **81** Kennlinienfelder der Intensitäts-Quotienten von I_{CH}/I_{Ar} (relative CH-Konzentration) in Abhängigkeit von Gaszusammensetzung, charakteristischem Strom und der Spannung

Der unmittelbare Wachstumsprozeß entsteht durch die An- und Einlagerung reaktiver, neutraler Atome und Moleküle an und in die Schichtstrukturen der Oberfläche. Während in reaktiven Prozessen chemische Bindungsvorgänge bei der Einlagerung der einzelnen Teilchen in die atomaren Randstrukturen dominieren können, überwiegen bei der Deposition harter a-C:H-Schichten ioneninduzierte Mechanismen.

Verschiedene plasmadiagnostische Untersuchungen haben bei der Abscheidung harter a-C:H-Schichten eine Korrelation der Emissionsintensität von CH-Moleküle (hier: CH ($A^2\Delta \rightarrow X^2\Pi$ 431,4 nm) und der Depositionsrate aufgezeigt. Obwohl dieses Molekül nur einen Bruchteil des Kohlenstoffs im homogenen Plasmavolumen bildet (vgl. Bild **80**), kann eine Konzentrationserhöhung im Bereich des Glimmsaums und Kathodenfalls nachgewiesen werden /42, 177, 92/. Als aktinometrische Vergleichsgröße wurde die Argonlinie ($3p^2 \rightarrow 4s$; 750,4nm) detektiert (hier: 10% Gasanteil). Der Quotient dieser beiden Intensitäten (relative Konzentration charakteristischen Stromdichte und der CH_4-Anteile der ternären Gasmischung Φ_N''' zu Kennlinienfeldern zusammengefügt. Die Werte sind normiert aufgetragen (vgl. Bild **81**).

Legende: I_{CH}/I_{Ar}

1.00 -- 0.84	0.84 -- 0.76	0.76 -- 0,68
0.68 -- 0.60	0.60 -- 0.52	0.52 -- 0.44
0.36 -- 0.44	0.28 -- 0.36	0.20 -- 0.28

In Übereinstimmung mit Ergebnissen der REA lassen sich Einflüsse beim Wechsel der Gascharakteristik (Bereich I → II Grenzzone ~12% CH_4) und beim Übergang der inneren Aktivität in Abhängigkeit von der charakteristischen Stromdichte (Bereich III → IV) feststellen.

Die Erhöhung der relativen Konzentration der CH-Moleküle verläuft weitgehend proportional zu den CH_4-Anteilen im Prozeßgas. Der Übergang in der Gasphasencharakteristik (Φ_N'' binäres zu Φ_N''' ternärem Verhalten) ist bei allen drei Spannungen ähnlich ausgebildet. Bei der Bewertung dieser Kennlinien muß beachtet werden, daß im Bereich niedriger Ströme und geringer CH_4-Anteile (binäre Charakteristik) durch die Quotientenbildung von Intensitäten mit einem geringen Signal-Rauschverhältnis große Fehler entstehen.

Um den Einfluß des Argons bei der Quotientenbildung darzustellen, sind in Bild **82** die gemessenen Ar-Emissionen für zwei Spannungen (600V, 700V) normiert aufgetragen ($\Delta I_{Ar\ max} < 0{,}3\%$). Es zeigt sich, daß diese Gaskomponente im untersuchten Parameterraum ein deutlich stromabhängiges Verhalten aufweist. Der Einfluß des stufenförmigen Aktivitätsübergangs (der relative Elektronentemperatur) auf den Intensitätsverlauf ist festgestellbar (vgl. Bild **82**, 600V, 700V). Die Kennlinienstruktur wird zusätzlich, besonders im binären Bereich durch die vorherrschenden Wechselwirkungseffekte gestört. Für höhere Stromdichten und höhere CH_4-Anteile (Bereich IV) verflacht sich der Intensitätsanstieg. Das innere Verhalten der Glimmentladung wird zunehmend durch die reaktiven CH_X-Gaskomponenten bestimmt (Dissoziation von CH_4- und C_YH_X-Fragmenten). Insgesamt stellt sich aber das Intensitätskennfeld der Ar-Linie ($3p^2 \rightarrow 4s$, 750,4nm) als Funktion der charakteristischen Stromdichte dar und unterstreicht so den aktinometrischen Einsatz dieser Gaskomponente im untersuchten System.

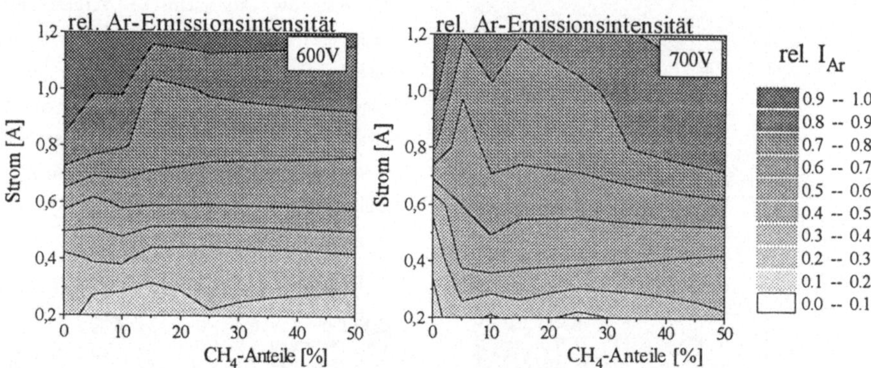

Bild **82** Normierte Intensität der detektierten Ar-Emissionen, die für aktinometrische Zwecke in einer ternären Niederdruck-Gasentladung als Funktion der Gaszusammensetzung, der charakteristischen Stromdichte und der Spannung gemessen wurde

Die bisherige Darstellung muß noch um die Charakteristik der relativen Konzentration des atomaren Wasserstoffs ergänzt werden. Wasserstoff bildet in Glimmentladungen sehr reaktive Gasphasen, die für viele Zwischenstufenprozesse eine wichtige Rolle spielen.

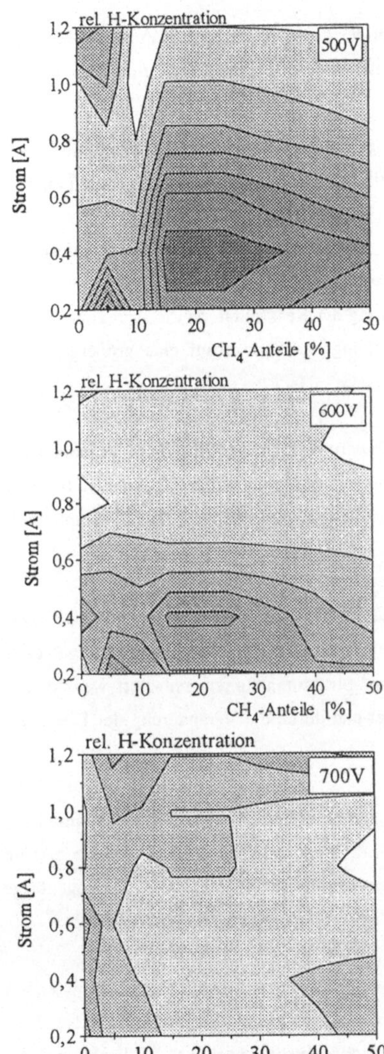

Bild 83 Kennlinienfelder der Quotienten der Emissionsintensität von $I_{H\beta}$ / I_{Ar} in Abhängigkeit von Strom, Spannung und Gaszusammensetzung

Wasserstoff bildet die Basiskomponente der eingesetzten ternären Gasmischung. Daher ist das Verhalten und der Einfluß dieses Stoffes auf die innere Plasmaaktivität wichtig.
Nachfolgend sind die Kennlinienfelder der relativen H-Konzentration abgebildet, die als Quotienten der Emissionen von H$_\beta$ und der Ar-Linie bestimmt wurden. Die Prozeßparameter und die variierten Größen entsprechen denen der bisherigen Meßreihen.

Die Kennliniencharakteristik der relativen H-Konzentration als Funktion der Spannung, der Gaszusammensetzung und der charakteristischen Stromdichte (vgl. Bild **83**) unterscheidet sich gegenüber den bisher dargestellten Ergebnissen sehr deutlich.

Legende: $I_{H\beta}/I_{Ar}$

3.00 – 2.78	2.78 – 2.56	2.56 – 2.33
2.33 – 2.11	2.11 – 1.89	1.89 – 1.67
1.67 – 1.44	1.44 – 1.22	1.22 – 1.00

Es kann festgestellt werden, daß sich für diese Teilchengruppe ein Maximum bei niedrigen Stromdichten und niedrigen Spannungen (~500V) ausbildet. Die folgende Spannungserhöhung führt zu einer deutlichen Absenkung und Nivelierung der betrachteten Teilchenkonzentration. Bei 700V wird für Wasserstoff ein Konzentrationsplateau erreicht, das nur durch den Übergang der binären Φ_N''- zur ternären Φ_N'''- Gascharakteristik sowie bei den höchsten Stromdichten beeinflußt erscheint.
Insbesondere bei den niedrigeren Spannungen nimmt die relative H-Konzentration in Abhängigkeit der Anteile der reaktiven Gaskomponente (hier: Methan) ab.

Einfluß des Drucks

Bei der Abscheidung harter Kohlenstoffschichten bildet der Prozeßdruck eine zentrale Größe, da er unter dem Gesichtspunkt der Teilchendichte über verschiedene Mechanismen mit dem inneren Plasmazustand verbunden ist.

- Die Änderung der mittleren freien Weglänge hat im homogenen Plasmavolumen einen unmittelbaren Einfluß auf die Energieverteilungsfunktion der Elektronen, beinflußt aber auch entscheidend die Energie der Ionen im Kathodenfall.
- Die Ausdehnung der Interaktionszone zwischen Plasma und Bauteiloberfläche (Kathodenfall und Leuchtsaum) hängt eng mit dem Druck zusammen.
- Die Stoßhäufigkeit führt zu einer Veränderung der Reaktivität, da die Anregungseffekte (Energiewechsel bei Stößen) bei der Erhöhung des Drucks auf eine größere Anzahl Teilchen verteilt werden.

Die Veränderungen, die sich als Folge einer Druckänderung ergeben, führen zu gegenläufigen Effekten, die jedoch in ihrer Wirkung auf eine Bauteiloberfläche ein stetiges (angenähert lineares) Verhalten aufweisen. Für den untersuchten Abscheidungsprozeß können zwei Haupteffekte herausgehoben werden.

Energie der Ionen: Die Energie der auf die Oberfläche auftreffenden Ionen nimmt gegenüber einem Anstieg des Drucks ab. Das bedeutet, daß sowohl die abstäubende Wirkung auf angelagerte Kohlenstofffragmente als auch Mechanismen, die zu sp^3-Strukturen führen, reduziert werden. Die abgeschiedene Schichtstrukturen sind geringer verdichtet und durch die Veränderung der Bindungs-hybridisierung (sp^1:sp^2:sp^3) elastischer.

Gesamtanteil reaktiver Kohlenstofffragmente: Über den Druck erhöht sich der Gesamtanteil der Kohlenstoffs (C_YH_X) im Prozeßgas. Dies führt zu einer Erhöhung reaktiver Kohlenstofffragmente im Plasma, und nachfolgend zu einer verstärkten Anlagerung an die Bauteiloberfläche. Die zugehörige Depositionsrate erhöht sich ebenfalls.

Der Druck stellt sich, durch die kurz beschriebenen Auswirkungen auf die innere Prozeßcharakteristik und die Schichtentwicklung, als ein Parameter für die bauteilspezifische Prozeßanpassung dar. Dies bedeutet, daß die Applikationsoptimierung der Abscheidungsbedingungen (z. B. Verhältnis der Depositionsrate und der Schichteigenschaften) für ein vorgegebenes Bauteil über diese Größe erfolgen kann.

6. 3 Charakterisierung eines Plasmaprozesses: Pulsfrequenz

Die besonderen Eigenschaften gepulster DC-Plasmen beruhen auf der Wirkung der steilen Potentialgradienten, die durch die mit definierter Frequenz und Pulslänge vorgegebenen (Rechteck-) Spannungsimpulse hervorgerufen werden. Durch diese Anregungsform wird in diesen Arbeitsplasmen gegenüber einer konstanten DC-Glimmentladung eine sehr viel höhere Elektronendichte, ein höherer Ionisationsgrad und dadurch eine verstärkte Reaktivität induziert (vgl. Tabelle **6**). Verfahrenstechnisch genutzte Vorteile ergeben sich dabei zusätzlich durch die Entkopplung der Behandlungstemperatur vom Ionenbeschuß der Kathode. Diese beiden Größen sind prinzipiell durch den Energieeintrag der Ionen an der Oberfläche abhängig, wobei sich die Temperatur der Werkstücke als komplizierte Funktion der Plasmaaktivität, der thermodynamischen Zustandsbedingungen und den bauteilbedingten geometrischen Faktoren einstellt.

Es muß daher überprüft werden, ob sich ein Einfluß der Frequenz auf die innere Plasmacharakteristik sowie die phänomenologische Wirkung feststellen läßt. Für diese Untersuchung wurde die Anregungsfrequenz eines gepulsten DC-Plasmas im Bereich von 0,1 - 30kHz variiert. Die charakteristischen Stromstärken wurden über die Pulsdauer angepaßt ($I = f(P_D)$). Die ermittelten Werte der eingespeisten Wirkleistung sind in Kap. **3. 2** in Bild **23** abgebildet, der Versuchsaufbau und die Detektionsposition in Kap. **5. 2** Bild **60**. Es wurden Emissionsintensitäten (Hα, Hβ, CH($A^2\Delta \rightarrow X^2\Pi$ 431,4 nm) und Ar ($3p^2 \rightarrow$ 4s 750,4 nm) als Funktion der Frequenz bei unterschiedlichen Gaszusammensetzungen detektiert. Die Auswertung der Ergebnisse dieser Versuchsreihen sind in Form relativer innerer Prozeßgrößen (Intensitätsquotienten) in Bild **84** zusammengestellt.

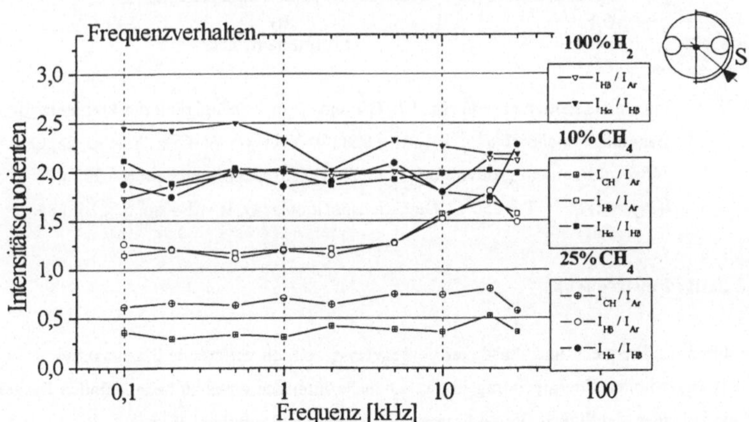

Bild **84** Intensitätsquotienten als Funktion der Frequenz für ternäre Gasmischungen in einem großvolumigen Reaktor. Prozeßbedingungen: p = 50Pa, U = 650V, $I(P_D) = 0{,}6A$, $T \sim 250°C$, $\Phi_N''' = 5\%Ar + 0{,}95(100\text{-}Y\ \%H_2 + X\%CH_4)\ Q_V = 375sccm$

Keine der untersuchten inneren Prozeßgrößen (relative elektroneninduzierte Aktivität, relative Konzentration der H-Atome bzw. der CH-Moleküle) weist über den Parameter Frequenz eine signifikante Änderung auf. Für höhere Methananteile kann ein leichter Anstieg des $I_{H\beta}/I_{Ar}$ bei höheren Frequenzen festgestellt werden. Die Werte der Emissionsintensitäten (die hier nicht dargestellt wurden) unterstreichen diese Entwicklung.

Dieses Resultat kann durch ergänzende Ergebnisse bestätigt werden, die bei der Untersuchung unterschiedlicher Beladungsdichten in großvolumigen Reaktoren ermittelt wurden. Sie sind im folgenden Bild abgebildet (vgl. Bild **85**). Der Verlauf der Intensitätsquotienten erscheint auch hier von der Anregungsfrequenz unabhängig, obwohl die lokal detektierte Plasmaaktivität (Detektionsposition) einen meßbaren Unterschied hervorruft.

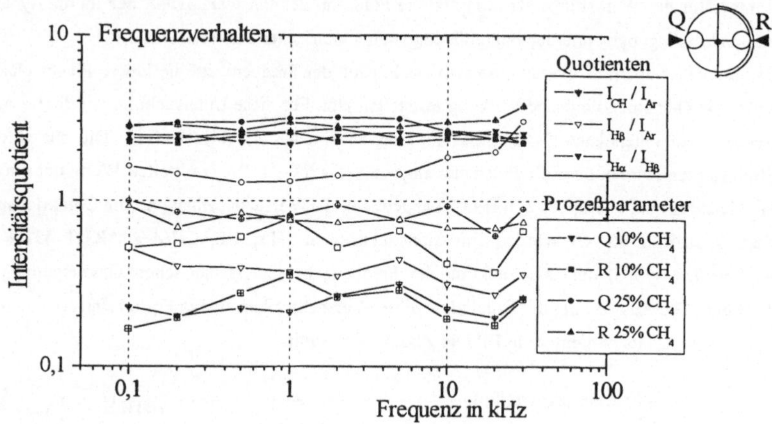

Bild **85** Intensitätsquotienten von Hα, Hβ, CH und Ar in Abhängigkeit der Frequenz für zwei Gas- mischungen: $\Phi_N''' = 10\%Ar + 0{,}9(100\text{-}Y\%H_2 + Y\%CH_4)$ Y = 10, 25, Q_V = 365sccm in einem großvolumigen Reaktor. Prozeßbedingungen: p = 20Pa, U = 650V, $I(P_D)$ = 1A, T ~ 250°C, Detektionspositionen **Q**, **R** vgl. Kap. **5. 4** Bild **59**

Einfluß der Pulsfrequenz

Eine durch die Frequenz und Pulsdauer vorgegebene, zeitlich varierende Plasmaaktivität unterdrückt einen stetigen hohen Energieeintrag in das randnahe Interface eines zu behandelnden Bauteils, ohne daß es zu einer deutlichen Veränderung der phänomenologischen Wirkung der Ionenbeschußes kommen muß. Bei diesem Prozeß werden die unmittelbar an der Oberfläche befindlichen Strukturen (Bereiche weniger Atomlagen) oszillierend modifiziert.

Der stetigen An- und Einlagerung neutraler, niederenergetischer Moleküle oder Atome wird der zeitlich pulsierende Ionenbeschuß überlagert. In den Pulspausen können angeregte Oberflächenatome in die Schichtstrukturen eingebaut werden, während gleichzeitig ein Energieausgleich mit dem tieferliegenden Materialschichten stattfindet, der die Einlagerungsvorgänge thermisch stabilisiert. Während des nachfolgenden Pulses (Ionenbeschuß) werden wiederum lokal hohe Energiebeträge eingebracht, die sowohl zu einer Strukturverdichtung als auch zum Abstäuben lose angelagerter Teilchen führen. Diesen Vorgängen kann mit den gegebenen Meßbedingungen (örtlich und zeitlich nicht aufgelöst) keine Wirkung auf die innere Plasmacharakteristik nachgewiesen werden.

Obwohl bei ersten Abscheidungsversuchen (Variation der Frequenz bei einem konstanten niedrigen Druck) keine sichtbaren Unterschiede der Schichtstruktur auftraten (vgl. Bild **86**), ist dieser Parameter für weitere Anwendungsoptimierungen von Bedeutung. Die Hauptmechanismen, die zu einer Schichtabscheidung oder Oberflächenbehandlung führen (die zeitlich überlagerte Wirkung von Radikalen und Ionen) werden durch die oszilierende Vorgänge beeinflußt. Diesem Parameterpaar (Frequenz f_{DC} und Pulsdauer P_D) kann eine wichtige Wirkung insbesondere im Zusammenhang mit unterschiedlichen Drücken zukommen.

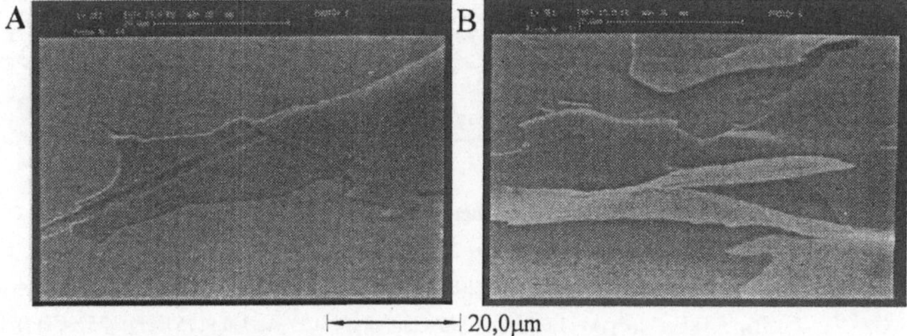

Bild **86** Einfluß der Pulsfrequenz auf die Schichtabscheidung von a-C:H-Schichten auf Stahlsubstraten **A**: f_{DC}< 0,8kHz, **B** f_{DC} >30kHz, Prozeßparameter: $I(P_D)$= 1A, Q_V= 375sccm, p = 20Pa, U = 650V, T= 250°C, Prozeßgas: Φ_N'''= 10%Ar + 0,90(75%H_2 +25%CH_4)

6. 4 Korrelation der Ergebnisse der Plasmadiagnostik und der Abscheidungsversuche

Die in diesem Teilkapitel zusammengetragenen Ergebnisse basieren auf einer Vielzahl von Einzelexperimenten, die parallel zu den plasmadiagnostischen Untersuchungen durchgeführt wurden. Für diese Serien wurden polierte, aber nicht nitrierte Stahlproben verwendet. Dies entkoppelt die Schichtentwicklung weitgehend vom Einfluß des Grundmaterials. Umgekehrt beschränkt es die Auswertungsmöglichkeiten der Schichteigenschaften, da die Haftung auf diesen Substraten sehr schlecht ist. Die Proben wurden unmittelbar nach der Behandlung bewertet, da mit zunehmender Schichtdicke und z. T. als Funktion der Prozeßparameter die inneren Druckeigenspannungen zu spontanen Abplatzungen führten. Im Bild **87** sind REM-Aufnahmen zweier, mit unterschiedlichen Prozeßparametern abgeschiedenen Kohlenstoffschichten abgebildet.

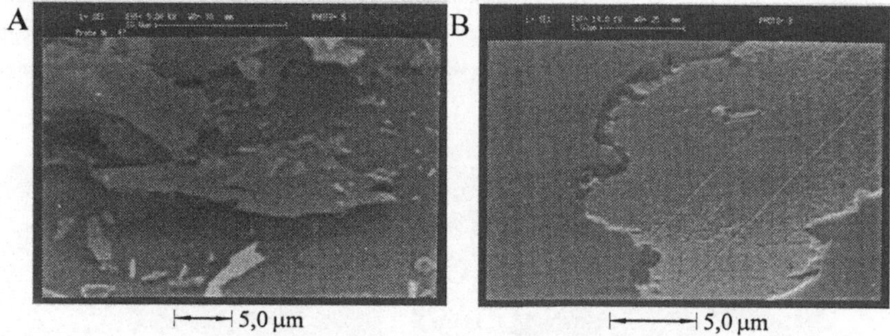

Bild **87** REM-Aufnahmen abgeschiedener Schichten in Abhängigkeit unterschiedlicher Prozeßbedingungen: **A**: p = 50Pa, T = 250°C, U = 500V, $I(P_D)$ = 0,8A, f_{DC} = 4kHz, t = 1h, Q = 970sccm, Φ_N''' 8%Ar + 0,92(85%H_2 +15%CH_4); **B**: p = 50Pa, T = 250°C, U = 650V, f_{DC} = 1kHz, $I(P_D)$ = 1,0A, Q = 375sccm, Φ_N''': 10%Ar + 0,9(75%H_2 +25%CH_4), t = 1h

Die ermittelten Depositionsraten wurden in Bild **88** zusammengefaßt. Es ließ sich feststellen, daß die Ergebnisse eng an die inneren Plasmazustände gebunden sind. Unter diesem Gesichtspunkt läßt sich eine eindeutige Korrelation zu der Depositionsrate und der Reaktivität des Plasmas aufzeigen; (relative elektroneninduzierte Aktivität als Folge der der Gascharakteristik und der Stomdichte).

Innerhalb der durch Argon und Wassertoff geprägten Gasmischung (binäres Verhalten Φ_N'', Parameterbereich I + III) findet keine ersichtliche Schichtabscheidung statt. Die abstäubende Wirkung der energiereichen Ar-Ionen übersteigt die geringe Abscheidesrate, die durch die niedrige Konzentration von Kohlenstoff im Plasma vorgegeben wird. Mit der Erhöhung der Stromdichte (innerhalb dieses Gasmischungsbereiches), intensivieren sich die Anregungsmechanismen der Ar-Ionen. Dies führt zur der Annahme, daß der Anteil der reaktiver Gaskomponenten (hier: CH_4) im Verhältnis zu den stabilisierenden Gastbestandteilen (hier: Ar) eine zentrale Bedeutung für die Charakteristik des binären Parameterbereiches aufweist (hier: für Ar ~ 10%, CH_4-Anteile < 10-15%).

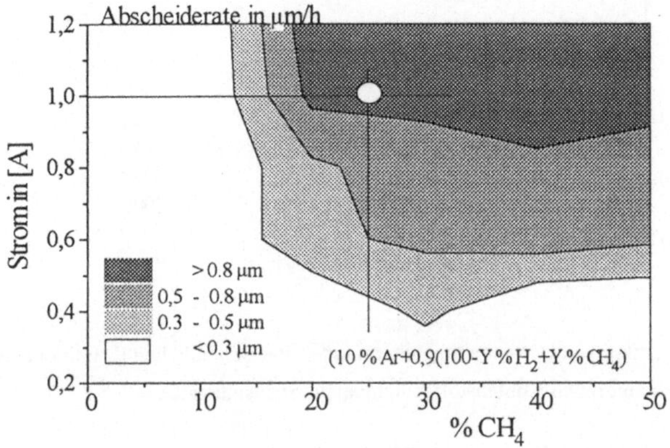

Bild **88** Abscheiderate als Funktion der Gasmischung und der Stromdichte (integriert über die Spannung und z. T. über den Druck); Arbeitspunkt

Der Einfluß des inneren, elektroneninduzierten Aktivitätswechsels in der reaktiven Gasphase als Funktion der Stromdichte führt ebenfalls zu einer wesentlichen Änderungen der Depositionsrate. So wird für den Bereich der erhöhten Aktivität eine Abscheiderate von > 0,8µm/h ermittelt, während für niedrigere Stromdichten die Schichten deutlich langsamer gebildet werden (vgl. Bild **76** S. 111). Den phänomenologischen Mechanismen, die zum Schichtaufbau harter Kohlenstoffstrukturen führen (ioneninduzierte und reaktive Anlagerung), überlagern sich Wechselwirkungen als Funktion der CH_4-Anteile (Gaszusammensetzung und Druck). Ein resultierender Effekt ist eine Zunahme reaktiver CH_X-Fragmente, die gekoppelt mit einer Änderung der effektiven Schichtbildungsmechanismen erscheinen. Dies ergibt, in Abhängigkeit des Argonanteils und der CH_4-Konzentration, einen Parameterbereich (Arbeitspunkt), der hinsichtlich der gewünschten Schichteigenschaften zu vorgesehenen Ergebnissen führen kann. Gleichzeitig werden hohe Abscheidesraten erzielt.

Härte ausreichend dicker a-C:H Kombi-Schichten

Die Ergebnisse der Härtemessung ergeben einen Zusammenhang, der in Bild **89** wiedergegeben ist. In dieser Darstellung stellt sich die Abhängigkeit der Schichthärte als Funktion der Bias-Spannung und des Druckes dar. Es muß beachtet werden, daß die Schichten nicht optimiert wurden, und daß die Meßergebnisse eine hohe Streuung aufweisen. Die in den bisherigen Experimenten erzeugten Schichten lassen sich hinsichtlich der Systemeigenschaft Härte noch weiter optimieren, da in den ausgewerteten Literaturhinweisen Werte zwischen 2500 und 3550 $HV_{0,01}$ angegeben wurden.

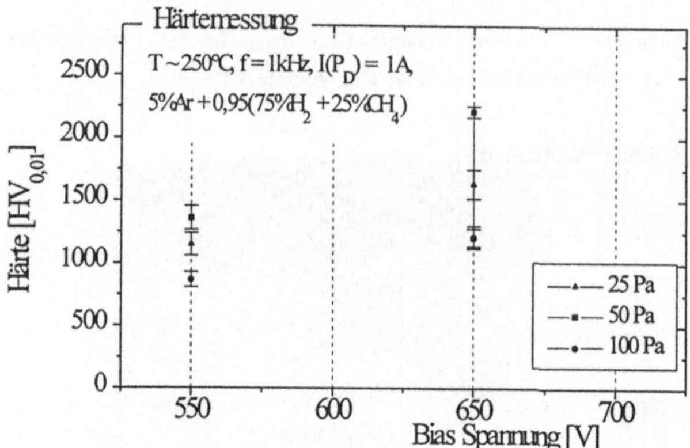

Bild **89** Ergebnisse von Härtemessungen von unter unterschiedlichen Konditionen abgeschiedenen amorphen Kohlenstoffschichten auf Stahlsubstraten

Die Härtemessung dünner, sehr harter a-C:H-Schichten (Schichtdicke ~ 1µm) auf weichen Stahlsubstraten ist aufgrund der störenden Einflüsse des Grundmaterials schwierig durchzuführen. Die Ergebnisse müssen daher kritisch zu bewertet werden.

Die Schichten stellen sich als hochelastische Membranen dar, die sich unter der Last verformen, während der eingebrachte Härteeindruck nicht die eigentliche Härte widerspiegelt. Insbesondere müssen sehr geringe Lasten aufgebracht werden, bei denen die Auswertung der Eindrücke an die Grenzen der optischen (mikroskopische) Auswertungsmöglichkeiten stößt.

Die gemessene Schichthärte wird zusätzlich durch das makroskopischen Gefüge und die Struktur des verbindungsschicht-frei nitrierten Grundmaterials beeinflußt. In den Dimensionen der Härteeindrücke erweist sich das Ergebnis stark von der lokalen Materialzusammensetzung, der Stahlmatrix und der Kristallorientierung abhängig (vgl. Bild **90**).

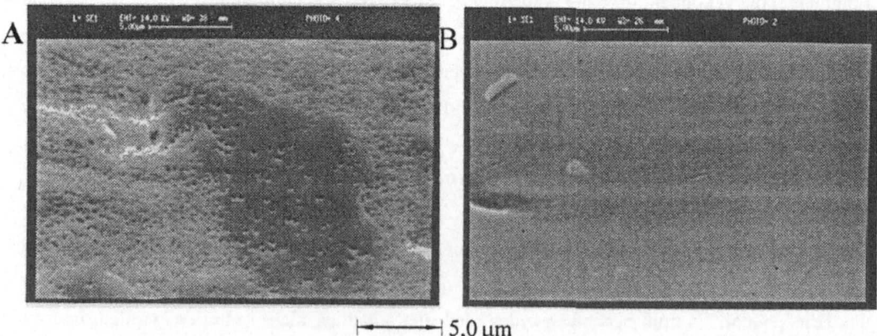

Bild **90** Einfluß der Vorbehandlung: Übertragung der Grundmaterialstruktur auf a-C:H-Schichten. **A**: a-C:H-Schicht auf einer nitrierten Probe **B**: Kohlenstoffschicht auf unbehandelter Probe

Die lokal gemessene Härte und die Schichtstruktur erweisen sich stark von der Vorbehandlung abhängig: Eine Folge der durch die Nitrierung und Interfacebildung vorgegebene Oberflächenbeschaffenheit. Die vorgebildete Struktur überträgt sich sich durch selektiven Ionenabtrag und unterschiedliche Wachstumsraten auf den verschiedenen Metallstrukturen auch auf die Kohlenstoffschichten. Die Härtemessungen solcher Schichten erfassen dann lokale Eigenschaften, die in eine großen Streuung der Ergebnisse münden.

Oberflächenbeschaffenheit

A

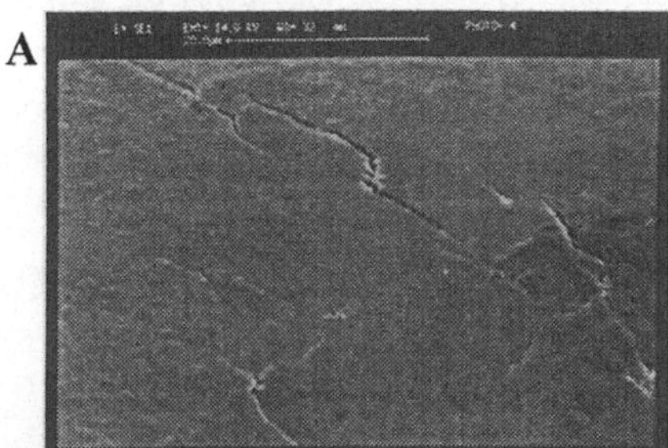

B

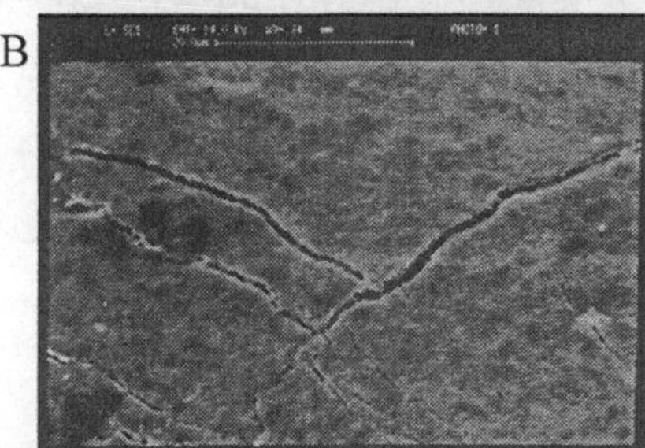

C

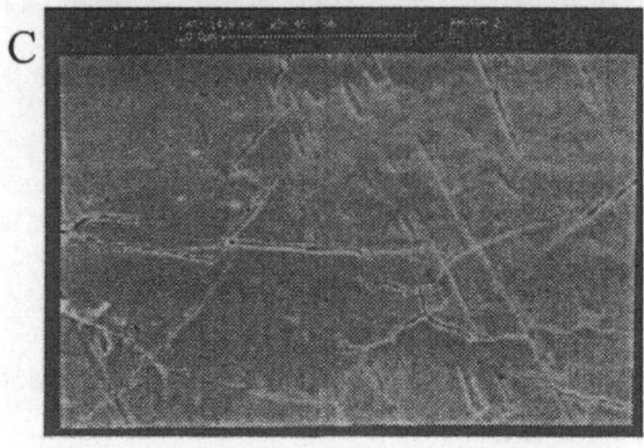

20,0µm

Die Wirkung des Drucks auf die Oberflächenmorphologie und Schichtstruktur wird, wie gezeigt wurde, durch zwei Haupteffekte verursacht:

Die Erhöhung der Depositionsrate durch zusätzliche, zur Abscheidung beitragende Kohlenwasserstofffragmente und der Einfluß auf die selektiven Abtrags- und Verdichtungsmechanismen, die durch Ionen bewirkt werden. Die Überlagerung dieser Phänomene führt zu einer deutlichen Änderung der Schichtstruktur, aber auch der Oberflächenbeschaffenheit.

Vergleicht man REM-Aufnahmen von Oberflächen der bei unterschiedlichen Drücken abgeschiedenen a-C:H-Schichten, fallen die zunehmend glatteren Oberflächenstrukturen auf. In Bild **91** sind Schichten abgebildet, die bei unterschiedlichen Drücken erzeugt wurden.

Bild: **91** REM-Aufnahmen der Oberflächenstruktur der bei unterschiedlichen Drücken abgeschiedener a-C:H-Schichten.
Prozeßbedingungen: $I(P_D) = 1A$, $Q_V = 375sccm$, $U = 650V$, $T = 250°C$, $f_{DC} = 1kHz$,
$\Phi_N''' = 5\%Ar + 0{,}95(75\%H_2 + 25\%CH_4)$
A: 20Pa **B:** 50Pa **C:** 100Pa

7 Überprüfung der dargestellten Ansätze: plasmaunterstützter Kombinationsprozeß haftfester a-C:H-Schichten auf vornitrierten Stahlsubstraten

Die bisherigen Kapitel zeigten Einzelaspekte verschiedener Teilschritte bei der Entwicklung eines plasmaaktivierten Abscheideverfahrens. Es wurde die Charakterisierung der inneren Aktivität als Funktion äußerer Prozeßgrößen sowie ihre Relation zu den phänomenologischen Effekten auf dem Basiswerkstoff ermittelt. Ergänzend dazu sollen die Ergebnisse der Kombination der beiden Verfahren Nitrieren und Beschichten zusammengefaßt und dokumentiert werden.

Die Haftung harter amorpher Kohlenstoffschichten auf Stahlsubstraten muß durch ein geeignetes Interface unterstützt werden. Durch eine Thermo-Diffusionsbehandlung wird die Oberfläche aufgeraut und chemisch durch die Einlagerung von Stickstoff verändert. Diese veränderte Materialcharakteristik hat, wie in den Bildern **92** und **93** dargestellt, einen starken Einfluß auf die Schichtstruktur sowie die Haftung. Ohne dieses Interface tritt bei Belastung ein vollständiges Schichtversagen auf.

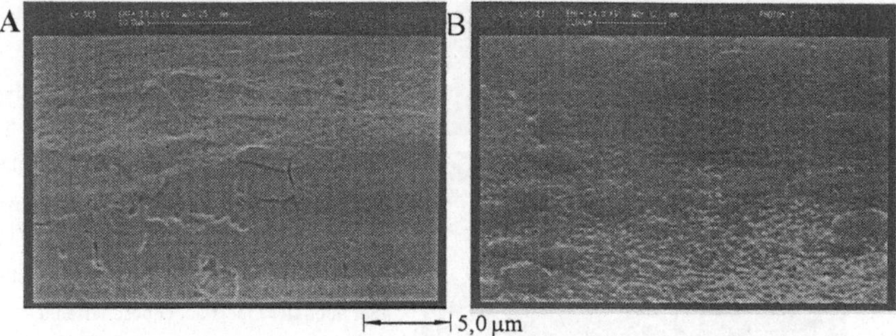

Bild **92** Materialvorbehandlung und der Einfluß des Grundmaterials auf die Schichtstruktur und die Oberflächenmorphologie **A**: Probe im H_2/Ar-Plasma gereinigt, **B**: Nitrierte Probe

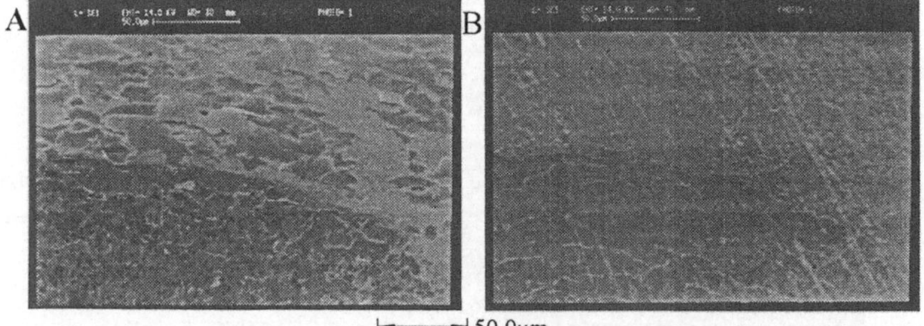

Bild **93** Einfluß der Bauteilvorbehandlung auf die Schichthaftung von a-C:H-Schichten auf Strahlsubstraten (Rockwell C Härteeindruck), **A**: Probe im H_2/Ar-Plasma gereinigt, **B**: Nitrierte Probe

A

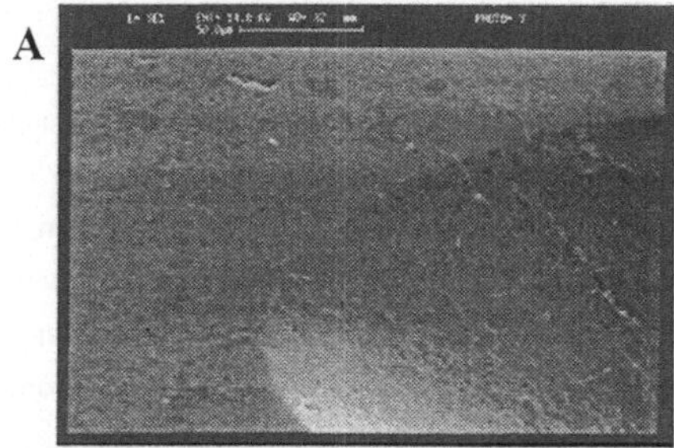

B

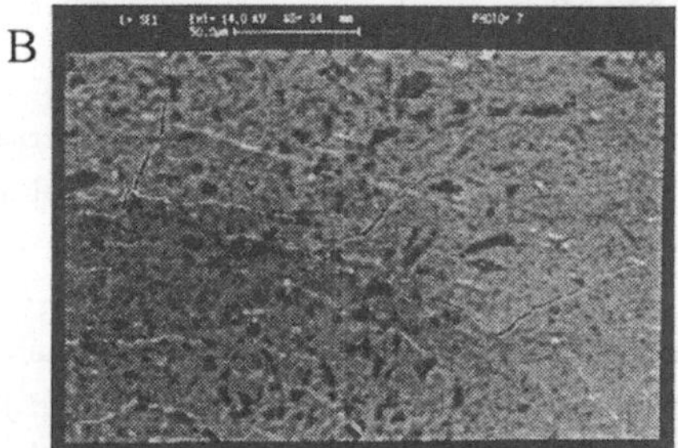

C

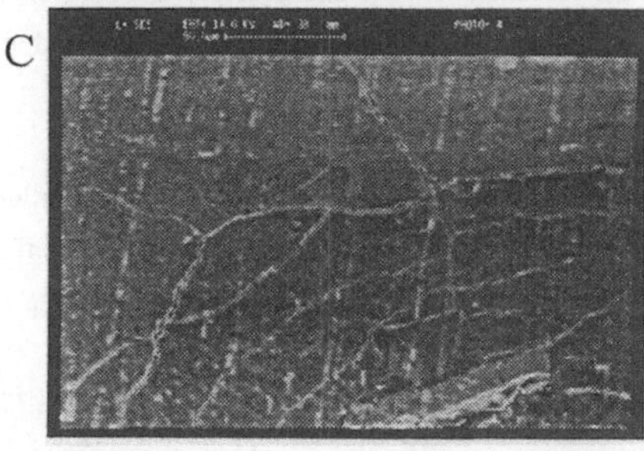

20,0μm

Die Belastungsfähigkeit einer solchen Verbundstruktur steigt mit der Schichtdicke und der inneren Strukturelastizität deutlich an.

Schichten, die bei unterschiedlichen Drücken abgeschieden werden, weisen differierende Anteile der Bindungsstrukturen des Kohlenstoffs auf. Dies führt dazu, daß die erzielten Schichteigenschaften verändert und an den Anwendungsfall angepaßt werden können. Bei einer Erhöhung der Elastizität der Schichtstruktur erhöht sich die maximale Belastungsfähigkeit, da sich die auftretenden Kräfte auf eine größere Fläche verteilen können. Diese Folge läßt sich u. a. aus der Form der Kante eines Rockwell C Härteeindrucks ableiten. der sich immer deutlicher abrundet (Bildern **94 A**, **B**, **C**). Die Schichten wurden bei unterschiedlichen Drücken abgeschieden. **A**: 25Pa **B**: 50Pa **C**: 100Pa.

Bild **94** Einfluß der Behandlung auf die Schichtdicke und die Belastbarkeit von Verbundschichten.

8 Zusammenfassung

Obwohl plasmaunterstützte Oberflächenverfahren konventionelle Techniken in wichtigen Bereichen substituiert und durch neue Einsatzgebiete ergänzt haben (Reinigen, Aktivieren, plasmaunterstützte Thermo-Diffusion...), ist insbesondere der Übergang zur Beschichtung in großvolumigen Reaktoren und damit zu kompakten Kombinationsprozessen noch nicht vollzogen. Die Implementierung dieser Verfahrenstechnologie in den Produktionsablauf, die sich gerade durch niedrige Verfahrenstemperaturen und kurze Prozeßzeiten für eine Vielzahl von Produkten eignet, ist bisher nicht gelungen. Dies ist auf die unzureichenden experimentellen Ergebnisse zurückzuführen, die den Qualitätsanforderungen in industriellen Aufbauten nicht genügen. Darüber hinaus existiert bisher noch keine ausreichende Anzahl an (PACVD-) Schichtsystemen.

Die Schwierigkeiten in diesem Verfahrensbereich liegen insbesondere in der Abscheidung homogener, gleichmäßig haftfester Schichten in großen Reaktionsvolumen. Dies schließt die Optimierung dieser Prozesse ein, die rein experimentell aufgrund der komplexen inneren Überlagerung physikalisch technischer Vorgänge mit einer engen phänomenologischen Toleranz nicht mehr effektiv zu entwickeln sind. Diese Problematik gilt speziell auch für die Umsetzung neuer Prozesse und kundenspezifische Applikation (Bauteilgeometrie und Werkstoffe); es bedarf jeweils aufwendiger Folgeuntersuchungen. Um den hier erforderlichen Handlungsspielraum zu erweitern, müssen verstärkt physikalische in situ-Meßtechniken (Plasmadiagnostik) eingeführt und genutzt werden.

Die vorliegende Arbeit untersuchte diesen interdisziplinären Ansatz und die Umsetzung aktiver und passiver optischer in situ-Meßtechniken zum Zweck einer erweiterten Entwicklungsmethodik. Dies schließt die Prozeßüberwachung plasmaunterstützter Oberflächenprozesse über die Detektion innerer prozeßcharakteristischer Plasmaparameter ein.
Es wurde gezeigt, daß die passive optische Emissionsspektroskopie erlaubt, wichtige innere Plasmaparameter effektiv zu bestimmen. Gezielt verknüpft, erstellen die Kombinationen dieser lokalen relativen Meßwerte einen Einblick in das Prozeßgeschehen und damit in die Interaktion zwischen Plasma und Bauteil. Die konsequente Weiterentwicklung dieser Methodik führte zu örtlich aufgelösten Messungen im Reaktor; prozeßrelevante lokale Unterschiede, die sich als Folge z. B. von Bauteilgeometrie, ausgeprägten Strömungsverhältnissen oder von Chargierung einstellen, lassen sich so unmittelbar erkennen und durch entsprechende Veränderungen, z. B. bewegliche Gaseinlässe beeinflussen.

Ergänzend untersuchte, aktive laserunterstützte Plasmadiagnostikmethoden wie LIF, AES, oder CARS eignen sich z. Z. aufgrund des erheblichen Meßaufwandes und einer noch ungünstigen Kosten-Nutzenrelation nur in Sonderfällen für den Entwicklungs- und Überwachungseinsatz (z. B.

Halbleiterentwicklung, Diamantschichten), obwohl sie, bedingt durch ihre hohe Selektivität, ein sehr wirksames Meßinstrument darstellen.

Die plasmadiagnostische Charakterisierung eines Abscheidungsprozesses (a-C:H-Schichten) zeigt auf, daß schon geringe Anteile einer reaktiven Gaskomponente die innere Plasmaaktivität stark verändern. Dieses Ergebnis läßt sich aus dem inneren Verhalten eines ternären Ar-H_2-CH_4-Gasgemisches als Funktion der Gaszusammensetzung, der Spannung und der Stromdichte ableiten. Die zugehörige phänomenologische Wirkung auf Bauteile konnte somit Aktivitätszonen zugeordnet werden, die durch mehrdimensionale Parameterräume bestimmt werden. Die Optimierung einer phänomenologischen Wirkung erfolgt dabei über die Zuordnung mehrerer Basiseffekte, die mit Hilfe lokal detektierter, spektraler "finger prints" unmittelbar mit dem Prozeß verknüpft wurden. Die relativen Differenzen dieser Größen, z. B. der Stoffkonzentration [X], konnten dann in einen Zusammenhang mit den ex situ ermittelten, technologischen Kriterien wie Depositionsrate oder Verbundfestigkeit gebracht werden. Damit ließ sich ein Kennlinienfeld der Prozeßführung erstellen, das die innere Reaktivität und die erzielten Ergebnisse berücksichtigt.

Ein weiterer Teilbereich dieser Arbeit war die Charakterisierung eines Arbeitspunktes für die Abscheidung harter amorpher Kohlenstoffschichten (a-C:H-Schichten) in großvolumigen Reaktoren. Es wurde festgestellt, daß für das untersuchte Puls-DC-Verfahren eine Änderung der relativen elektroneninduzierten Aktivität als Funktion der charakteristischen Stromdichte ein signifikantes Merkmal der Prozeßführung darstellt. Die Depositionsrate kann als Funktion der Anteile reaktiver Komponenten (hier: CH_4) sowie der Bias-Spannung und Stromdichte eingestellt werden. Die Bias-Spannung und der Druck haben einen deutlichen Einfluß auf die Energie der Ionen, deren Wirkung auf die Oberflächenstrukturen und damit die Schichteigenschaften. Die Haftung der abgeschiedenen Schichten ist eng mit der ionenunterstützten Modifikation des Interfaces verknüpft.

Abgeleitet von Forschungsaufbauten zur Untersuchung technischer Anwendungen plasmaphysikalischer Effekte, konnte ein Versuchs- und Meßaufbau in einem großvolumigen Reaktor realisiert werden. In diesem Aufbau scheint eine Umsetzung der technischen Prozesse realisierbar. Der Maßaufbau ist einfach einsetzbar, weist kaum Folgekosten auf und kann zur Prozeßüberwachung eingesetzt werden.

Die Überprüfung der Prozeßcharakteristik sowie der Ansatz für einen Kombinationsprozeß aus Nitrieren und Beschichten in einem großvolumigen Reaktor wurde erfolgreich umgesetzt. Die plasmaaktivierte Thermo-Diffusionsbehandlung und Schichtabscheidung auf Stahlsubstraten (X 155 CrVMo 12.1) führte zu reproduzierbaren und in einem ausreichend großem Volumen zu homogen Ergebnissen. Die ausgezeichneten Eigenschaften dieser haftfesten Schichtverbünde (Verschleiß, Härte, niedriger Reibkoeffizient, chemische Beständigkeit...) und die sehr geringen Kosten der ergänzenden Beschichtung werden zu einem breiten industriellen Einsatzgebiet führen.

Ausblick

Der erfolgreiche Einsatz einer prozeßbegleitenden optischen in situ-Prozeßdiagnostik bietet über den damit verbundenen wirtschaftlichen Nutzen neue Perspektiven für plasmaaktivierte Oberflächenverfahren.

Der zentrale Aspekt liegt in der unmittelbaren Verknüpfung der Entwicklungs-, Applikations- und Überwachungsstrukturen eines Plasmaprozesses durch die Einbeziehung der inneren Zustandgrößen. Mit diesem Schritt kann eine flexible Prozeßführung eingeführt werden; die Effizienz dieser Verfahrenstechnologie, aber auch die Prozeßsicherheit wird erhöht. Die Anwendung eines plasmadiagnostischen Systems für eine prozeßbegleitende Qualitätssicherung kann den Einsatz dieser Technologie zusätzlich stimulieren, insbesondere wenn sich die Tendenz zu hochwertigen Bauteilen mit optimierten Oberflächeneigenschaften weiter verstärkt. Die dafür benötigten Technologien, speziell die Kombinationen von unterschiedlichen plasmaunterstützten Prozessen, bieten hierfür ein noch weitgehend unerforschtes Verfahrenspotential.

9 Literaturhinweise

/1/ Fessmann, J; Grünwald, H.: Plasma treatment for cleaning of metal parts. In: Surface and Technology, 60. (1993) S. 290 - 296 presented on the Plasma Surface Engineering 92.

/2/ Mann, D.: Plasmamodifikation von Kunststoffoberflächen zur Haftfestigkeitssteigerung von Metall-schichten. Bd.189 Reihe IPA-IAO Forschung und Praxis. Springer, Berlin, 1994

/3 Strämke, S.; Huchel, U.: Verfahrenskombination Puls-Plasmanitrieren und Plasma-CVD. In: Sonderteil Ingenieurwerkstoffe **4** (1992) 6, S. 34-38.

/4/ Stratil, P.; Fessmann, J.; Olbrich, W.; Kampschulte, G.: Kombination von Puls- Plasma- Nitrierung und PVD-Beschichtung ohne Prozeßunterbrechung. Berichte an die Deutsche Forschungsgemeinschaft, Bonn, Okt. 1991, Feb. 1992.

/5/ Molarius, J. M; Salmenoja, K. U; Korhonen, A. S; Sulonen, M.S; Ristoleinen, E.O.: Plasmanitrieren von Stahl bei niedrigen Drücken. In: HTM **41** (1986) 6.

/6/ Felts, J.; Lopata, E.: Practical Langmuir-probe measurements in deposition plasmas. In: Journal Vac. Sci. Technol. **A 5** (1987), S. 2273-2275 .

/7/ Dautremont-Smith, W. C.; Lopata, J.: Optical monitoring for rate and uniformity control of low power-plasma enhanced CVD. In: J. Vac. Sci. Techol. **B1** (Dez 1983) 4, S. 943-946.

/8/ Röpke, J.; Ohl, A.: Optical emission diagnostic of a low pressure planar microwave discharge for plasmachemical deposition. In: Contrib. Plasma Phys. **31** (1991) 6, S. 669-679.

/9/ Graves, D. B.: Plasma processing. In: IEEE Transact. on Plasma Science **22** (Feb. 94) 1, S. 31-42

/10/ Avni, R.: Plasma diagnostics related to plasma scaling-up. In: High Temp. Chem. Proc. 1 (Dec. 1992) S. 359 -399.

/11/ Preppernau, B. L.; Miller, T. A.: Laser based diagnostics of reactive plasmas. In: Glow Discharge Spectroscopies, ed. by Marcus, R. K.: Plenum, New York, 1993, S. 483- 508.

/12/ Warnecke, H. J.: Der Produktionsbetrieb. Band 2. Berlin, u. a. Springer-Verlag, 1993.

/13/ Norm DIN 8580 07.85 (Entwurf): Fertigungsverfahren, Begriffe, Einteilung.

/14/ Janzen, F.: Plasma Deposition Processes. In: Plasma Deposited Thin Films, ed. by J. Mort, F. Jansen, CRC, Boca Raton, FL, 1986, S. 1 - 20

/15/ Chapman, B.: Glow discharge processes, Wiley, New York, 1980.

/16/ Bittencourt, J.A: Fundamentals of plasma physics, Pergamon Press, Oxford, 1986.

/17/ Hess, D. W.: Plasma-material interactions. In: J. Vac. Sci. Technol. **A 8** (May 1990) 3, S.1677-81.

/18/ Hess, D. W.; Graves, D. B.: Plasma assisted chemical vapor deposition. In: Chemical Vapor Deposition, Principles and Applications, ed by Hitchman M. L.; Jensen, K. F. Academic Press, London, 1992, S. 386 - 435.

/19/ Venugopalan, M.; Avni, R.: Analysis of glow discharges for understanding the process of film formation. In: Thin films from free atoms and particles, ed. by Klabunde, K. J., Academic Press, Inc. Orlando, Florida, 1985.

/20/ Frey, H.; Kienel, G.: In situ Meßverfahren. In: Dünnschichttechnologie, Hrsg. Frey, H; Kienel, G.: VDI-Verlag GmbH, 1987, S. 381-416.

/21/ Randhhawa, H.; Review of plasma-assisted deposition processes. In: Thin Solid Films, **196** (1991), S. 329-349.

/22/ Weissmantel, C.: Preparation, structure and properties of hard coatings on the basis of i-C and i-BN. In: Thin films from free atoms and particles, ed. by Klabunde, K. J., Academic Press, Inc. Orlando, Florida, 1985.

/23/ Auciello, O.: Ion bombardment modification of surfaces, ed. by O. Auciello and R. Kelly, Elsevier, Amsterdam, 1984 .

/24/ Pointu, A. M.: Physique des décharges. In: Réactivité dans les plasmas, applications aux lasers et au traitement de surfaces. Script École d'été, Aussois (Savoie) France 83, Les Éditions de Physique, Les Ullis, France. 1983.

/25/ von Engel, A.; Ionized Gases. Oxford University Press, London, 1965.

/26/ Janzen, G.: Plasmatechnik: Grundlagen, Anwendungen, Diagnostik. Hüthig Verl. Heidelberg 1992

/27/ von Engel, A.; Electric Plasmas: their Nature and Uses. Taylor & Francis Ltd. London, 1983.

/28/ Haefer R. A.: Oberflächen- und Dünnschichttechnologie, Reihe Werkstoff-Forschung und Technik 5, Teil 2, Springer-Verlag Berlin, 1987.

/29/ Frohn, A.: Einführung in die kinetische Gastheorie. Reihe: Studien Text Akademische Verlags-gesellschaft, Wiesbaden, 1979.

/30/ Bethge, K.; Gruber, G.: Physik der Atome und Moleküle, ed by Bethge, K. und Gruber, G. VCH-Verlagsgesellschaft GmbH, Weinheim, Basel, 1990

/31/ Gicquel, A.; Cavadias, S.; Amoroux, J.: Heterogenous catalysis in low pressure plasmas. Review article. In: J. Phys. D.: Appl. Phys. **19** (1991), S. 2013-2042.

/32/ Abril, I; Gras-Marti A; Valles-Abarca J.: Energy transfer processes in glow discharges In: J. Vac. Sci. Technol. **A4** (May/Jun. 1986) 3, S. 1773-1778.

/33/ Heim, D.; Störi, H.: Ion distribution on surfaces exposed to plasmas: an experimental and theoretical investigation. In: J Appl. Phys. 72, 8 (Okt. 92), S. 3330 - 3340

/34/ Emeleus, K. G.; Coulter, J. R. M.: Notes on the light from the cathode space in glow discharges. In: J. Phys. D: Appl. Phys. **16** S. 2181-2189 (1983)

/35/ Thomas, G. E.: Bombardment induced light emission. In: Surf. Science **90** (1979), S. 381.

/36/ Enke, K.: Plasma-CVD: Verfahrensbeschreibung und Anwendungen. In: Jahrbuch der Oberflächentechnik, Band **45** (1989), S. 2-23.

/37/ Veprek, S.: Plasma-induced and plasma-asssisted chemical deposition. In: Thin Solid films **130** (1985) S. 135-154, .

/38/ Böhm, C.: Diagnostics et modélisation des décharges radiofréquentes dans le silane et l'hélium, Thèse de Doctorat, École Polytechnique, Palaiseau 1992.

/39/ Perrin, J.: Physico-chimie d'un plasma multipolaire de silane et processus de dépôt du silicium amorphe hydrogéné, Thèse de Doctorat, Université de Paris VII (1983).

/40/ Rie, K. T.; Gebauer, A.; Wöhle, J.: Prozeßoptimierung bei der Hartstoffbeschichtung im Plasma-CVD - Verfahren mit Hilfe der optischen Emissionsspektroskopie. In: Materialwissenschaft und Werkstofftechnik **24** (1993), S. 120-124.

/41/ Rie, K. T., Wöhle, J.: Spectroscopic investigations of $N_2/H_2/Ar/TiCl_4$ assisted chemical vapour deposition discharge for plasma of TiN. In: Mat. Science and Engineer. **A 139** (1991), S. 37-40.

/42/ Pastrol, A.; Catherine Y.: Optical emission spectroscopy for diagnostic and monitoring of CH_4 plasmas used for a-C:H deposition. In: J. Phys. D: Appl. Phys. **23** (1990), S.799-805.

/43/ Kokubo Terukazu, Tochikubo Fumiyoshi, Makabe Toshiaki: Diagnostics of low frequency CH_4 and H_2 discharge by OES. In: J. Phys. D: Appl. Phys. **22** (1989), S. 1281-1287.

/44/ Shimozuma, M.; Tochitani, G.; Tagashira, H.: Optical emission diagnostics of H_2+CH_4 50Hz - 13.56 MHz plasmas for chemical vapour deposition. In: J. Appl. Phys. **70** (Jun. 1991) 2.

/45/ de la Cal, E.; Tafalla, D.; Tabares, F. L.: Characterization of He/CH_4 DC glow discharge by OES, mass spectroscopy and actinometry. In: J. Appl. Phys. **73** (1993) 2, S. 948-954.

/46/ Tachibana, K.; Nischda, M.; Harima, H.; Urano, Y.: Diagnostics and modeling of a CH_4 plasma used in the chemical vapour deposition of amorphous carbon films. In: J. Phys. D: Appl. Phys. **17** (1984), S. 1727-1742.

/47/ Thornton, J. A.: Plasma-assisted deposition processes: theory mechanism and application. In: Thin Solid Films **113**, (1983) , S. 3-19.

/48/ Kushner, M. J.: A kinetic study of the plasma etching process I. A model of Si and SiO_2 in C_nF_m/H_2 and C_nF_m/O_2 plasmas. In: J. Appl. Phys. 53 (1982), S. 2923-38

/49/ Bunshah, R. F.; Deshpandey, C. V.: Plasma assisted physical vapour deposition processes: a review. In: J. Vac. Sci. Technol. **A3** (1985) 3, S. 553-556.

/50/ Coburn, J. W.; Chen, M.: Optical emission spectroscopy of reactive plasmas: a method for correlating emission intensities to reactive particle density. In: J. Appl. Phys. **51** (1980), S. 3134.

/51/ Catherine, Y.; Couderc P.: Electrical characteristics and growth kinetics in discharges used for plasma deposition of amorphous carbon. In: Thin Solid Films **144** (1986), S. 265-280.

/52/ Lampe, T.; Eisenberg, S.: Verbindungsschichtbildung während der Plasmanitrierung und Nitrokarburierung. In: Berichtsband AWT- Tagung April 1991, Darmstadt.

/53/ Lampe, T.: Plasmawärmebehandlung von Eisenwerkstoffen in stickstoff- und kohlenstoffhaltigen Gasgemischen. In: VDI- Fortschrittsberichte Reihe 5, Nr. 93, 1985.

/54/ Edenhofer, B.; Trenkler, H.: Einfluß der Nitrierdaten und der Stahlzusammensetzung auf die Härte von Nitrierschichten. In: HTM **35** (1980) 5, S. 220ff.

/55/ Edenhofer, B.: Diss. Universität Leoben, Österreich 1978.

/56/ Eisenberg, St: Thermochemische Behandlungen- Schwerpunkt Plasmadiffusionsbehandlungen. In: Mat.-wiss. u. Werkstofftechnik, **21** (1990) S. 241-256 und S. 280-286.

/57/ Spies, H-J.; Bergner, D.: Innere Nitrierung von Eisenwerkstoffen. In: Berichtsband AWT- Tagung Wärmebehandlung, Nitrieren und Nitrokarburieren, April 1991, Darmstadt.

/58/ Kölbel, J.: Die Nitridschichtbildung bei der Glimmnitrierung, Forschungsberichte des Landes NRW Nr. 1555, 1965.

/59/ Hudis, M.: Study of Ion-Nitriding. In: J. Appl. Phys. **44** (1973) S.1489.

/60/ Tibbets, G. G.: Role of Nitrogen in Ion- Nitriding. In: J. Appl. Phys. 35 (1974) S. 5072.

/61/ Szabo, A.; Wilhelmi, H.: Zum Mechanismus der Nitrierung von Stahlflächen in Gleichspannungs-glimmentladungen. In: HTM 39 (1984), S.148- 151.

/62/ Grün, R.; Exner, W.; Zeller, R.: Puls-Plasma- Wärmebehandlung zum Oberflächen- und Rand-schichtbehandeln. In: HTM 42 (1987) 1, S. 42- 46.

/63/ Rie, K. T.: Plasma Assisted Diffusion Treatment. In: Proceedings 1st Conference on Plasma Surface Engineering 1988, Garmisch-Partenkirchen, Germany, S.201.

/64/ Haefer R. A.: Oberflächen- und Dünnschichttechnologie, Reihe Werkstoff-Forschung und Technik 5, Teil 1, Springer-Verlag Berlin, 1987.

/65/ Wilhelmi, H; Strämke, S; Pohl, H. C.: Nitrieren mit gepulster Glimmentladung. In: HTM 37 (1982) S. 263-310.

/66/ Wierzchen T.; Pokrasen S.; Karpinski T.: Plasmaborieren, Faktoren, die die Keimbildung der Boridschicht auf Stahl bedingen. HTM **38** (1983), S. 57- 62.

/67/ Lompe, A.; Seeliger, R.; Wolter, E.: Untersuchungen an Hohlkathoden. In: Annalen der Physik, Folge **5**, Band 36 (1939), S. 9-37.

/68/ Horwitz, Ch. M.; Boronkay, S.; Gross, M.; Davies, K.: Hollow cathode etching and deposition. In: J. Vac. Sci. Technol. **A6** (1988) 3, S. 1837-1844.

/69/ Kagan, Yu M.: Rate of ionisation and density of electrons in a hollow cathode. J. Phys. D: Appl. Phys. **18** (1985), S. 1113-1123.

/70/ Petitjean, L.: Étude d´une décharge électrique dans un mélange azote-hydrogène pour la nitruration de surfaces métalliques. Thèse de Doctorat, Univ. de Paris Sud, Orsay 1982.

/71/ Lakhatin Y.; Kryminskii Y.: Physical process in ionic nitriding. In: Protective Coatings on Metals **2** (1970), S. 179-181.

/72/ Karpinski,T.; Rolanski E.: Mechanismus des Ion-Nitrierens. In: Proc. of the Conf. VII Celostatne dni tepelneho spraciovania; Bratislava, 1978, S. 28-37.

/73/ Ricard, A.; Henrion, G.; Michel, H.; Gantois, M.: États excités des plasmas pour la nitruration de surfaces métalliques et le dépôt de TiN. In: Rev. Int. Hautes Tempér. Réfract. Fr., **25** (1988) S. 143 - 158.

/74/ Bougdira, J.; Henrion, G.; Fabry, M.: Effects of hydrogen on iron nitriding in a pulsed plasma. In: J. Phys. D: Appl. Phys. **24** (1991), S. 1076-1080.

/75/ Ricard, A.; Michel, H.; Gantois, M.: Contrôle par spectroscopie d´émission des procédés plasmas de nitruration de l´acier et dépôt de TiN. In: Rev. Int. Hautes Tempér. Réfract. Fr., **24** (1987/88) S. 119-128.

/76/ Lampe, T; Eisenberg, St: Thermochemische Plasmawärmebehandlung von metallischen Werk-stoffen. In: Z. Werkstofftechnik, **17** (1986), S. 183-193.

/77/ Stratil, P.; Verfahrens- und werkstofftechnische Untersuchung bei Plasmadiffusionsbehandlungen am Beispiel Plasmanitrieren. Diplomarbeit, Institut für Industrielle Fertigung und Fabrikbetrieb der Universität Stuttgart, 1991.

/78/ Sun, Y; Bell, T: Plasma Surface engineering of low alloy steel. In: Plasma Surface Engineering, Mater. Sci. Coat. Technol., **48** (1991) S. 19 - 21.

/79/ Mattox, D. M.: The plasma environment in inorganic thin film deposition processes. In: PSE-88, Proc. of the 1st Int. Conf. in Garmisch - Partenkirchen, Germany, S. 15-34, (1988).

/80/ Angus, J. C.; Koidl, P.; Domitz, S.: In: Plasma Deposited Thin Films, ed. by J. Mort, F. Jansen, CRC, Boca Raton, FL, 1986, S. 89-128

/81/ Hirose, M.; Plasma deposited films: kinetics of formation, composition and microstructure. In: Plasma Deposited Thin Films, ed. by J. Mort, F. Jansen, CRC, Boca Raton, FL, 1986, S. 1-20.

/82/ Masamba, W. R. L.; Ali, A. H.; Wineforders, J. D.: Temperature and electron density measurement in a He/H_2 microwave plasma. In: Spectrochimica Acta **47 B** (1992) 4, S. 481-91.

/83/ Ballesteros, J.; Hernandez, M. A.; Dengra, A.; Colomer, V.: An experimental and theoretical study of the creation plasma process in DC pulsed discharges. In: Contrib. Plasma Phys. **31**, (1991) 6, S. 595-604.

/84/ Moisan, M.; Wertheimer, M. R.: Comparison of microwave and RF plasmas: fundamentals and applications. In: Surface and Coatings Technology, 59 (1993) S. 1 - 3.

/85/ Hugon, R.; Henrion, G.; Fabry, M.: Diagnostics of a dc pulsed plasma assisted nitriding process. In: Surface and Coatings Technology, 59 (1993) S. 82 - 85.

/86/ Olbrich, W.: Entwicklung und Optimierung von Prozeßkomponenten zur ionenunterstützten Abscheidung bei PVD Verfahren. Reihe IPA-IAO Forschung und Praxis. Springer, Berlin, 1994

/87/ Morill, J. S.; Benesch, W. M.; Widing, K. G.: Electron temperature in a pulsed electric discharge and the disassociated N_2 electron excitation rate coefficient. In: J. Chem. Phys. **94** (Jan 1991) 1, S. 262-269.

/88/ Hokaya, T.; Nakano, T.; Murooka. Y.; Ichikawa. Y.; Sakai. H.: Optical diagnostics of DC-puls discharge plasmas in SiH_4/H_2. In: Proccedings of the 10th. International Conference on Gas Discharges and their Applications, S. 686 - 670, Swansea, UK, 13.-18. Sept. 1992 Univ. College Swansea 1992.

/89/ Bougdira, J.; Henrion, G.; Fabry, M.; Cussenot, J. R.: Low frequency DC pulsed plasma for iron nitriding. In: Material Science and Engineering **A 139** (1991), S. 15-19.

/90/ Bouchoule, A.; Ranson, P.: Study of volume and surface processes in low pressure radio frequency plasma reactors by pulsed excitation methods. I. Hydrogen-Argon plasma. In: J. Vac. Sci. Technol. **A9** (Mar/Apr: 1991) 2, S. 317-324.

/91/ Abril, I.; Gras-Marti, A.; Valles-Abarca, J. A.: The contribution of fast neutrals to cathode erosion in glow discharge. In: J. Phys: D: Appl. Phys. **17** (1984), S.1841-1849.

/92/ Wild, Ch.; Koidl, P.; Wagner, J.: Plasma depositiion of a-C:H films: The role of process gas, plasma chemistry and plasma surface interaction. In: E-MRS Meeting June 1987, Vol.XVII In Les Editions de Physique, Paris, June 1987.

/93/ Köhler, K.; Horne, D. E.; Coburn, J. W.: Frequency dependence of ion bombardment of grounded surfaces in RF argon discharges in a planar system. In: J. Appl. Phys. **58** (1985) 9, S. 3350-55.

/94/ Pointu, A. M.: Model of RF discharges at frequencies greater than the ionic plasma frequency. In: Appl. Phys. Lett. **50** (1987) 16, S. 1047-1049.

/95/ Weissmantel, C.; Bewilogua, K.; Breuer, K.; Dietrich, D.; Ebersbach, U.; Erler, H-J.; Rau, R.: Preparation and properties of hard i-C and i-BN coatings. In: Thin Solid Films **96** (1982), S. 31-44.

/96/ König, U.; Tabersky, R.; Van den Berg, H.: Research, development and performance of cemented carbide tools coated by plasma activated CVD. In: Surf. and Coatings Technol. **50** (1991), S. 57-62.

/97/ König, U; van den Berg, H; Tabersky, R; Sottke, V: Niedertemperaturbeschichtungen für Hartmetalle. In: 12. Intern. Plansee Seminar 89, Proc. Vol. 3, S: 13-15.

/98/ Tabersky, R; van den Berg, H; König, U.: Plasma-CVD Beschichtungen von Hartmetall. In: Tagungsband zum Statusseminar Dünnschichttechnologien / (Hrsg.). VDI-Technologiezentrum Physikalische Technologien (1988), S. 25.1-25.10.

/99/ Meyerson, B.; Hydrogenated amorphous carbon (a-C:H), an overview. In: Mat. Res. Symp. Proc. **68** (1986), S. 191-197.

/100/ Deshpandey, C. V.; Bunshah, R. F.: Diamond and diamondlike films: Depositiiton processes and properties. In: J. Vac: Sci. Techn, **A7** (1989) 3, S. 2294-2302.

/101/ Lettington, A. H.; Smith, C.: Optical properties and applications of diamondlike carbon coatings. In: Diamond and related materials **1** (1992), S. 805-809.

/102/ Angus, J. C.: Diamond and diamondlike films. In: Thin Sol. Films, **216** (1992), S. 126-133.

/103/ Angus, J. C.; Jansen, F.: Dense "diamondlike" hydrocarbons as random covalent networks In: J. Vac. Sci. Technol. **A6** (May/Jun 1988) 3, S. 1778-1782.

/104/ Wagner, W.; Rauch, F.; Haubner, R.; Lux, B.; Analysis of hydrogen in low pressure diamond layers. In: Thin Solid Films **207** (1992), S. 24-28.

/105/ Jansen, F.; Machonkin, M.; Kaplan, S.; Hark, S.: The effect of hydrogenation on the properties on ion beam sputter deposition amorphous carbon. In: J. Vac. Sci. Technol. **A3** (May 1985) 3, S. 605-685.

/106/ Robertson, J.: Deposition mechanism for promoting sp^3 bonding in diamondlike films. In: Proccedings, presented on the Diamond 92, Heidelberg, Germany, (1992)

/107/ Wagner, J.; Wild, Ch.; Bubenzer, A.; Koidl, P.: Characterization of hydrocarbon plasma used for a a-C:H deposition. In: Mat. Res. Symp. Proc. **68** (1986), S. 205-210.

/108/ Chen, H.; Nielsen, M. L.; Gold, C. J.; Dillon, R. O.; DiGregorio, J.; Furtak, T.: Growth of diamond films on stainless steel. In: Thin Solid Films **212** (1992), S. 169-172.

/109/ Hsiao-Chu, Tsai.; Bogy, D.: Critical review: Characterization of diamondlike carbon films and their applications as overcoatings on thin film media for magnetic recording. In: J. Vac:Sci. Technol. **A5** (Nov./Dez. 1987) 6, S. 3287-3312.

/110/ Miyatani, K.; Shimada, M.; Mutsukura. N.; Effect of He additive in a CH_4 RF-plasma. In: Proceedings of the 2nd. Int. Conf. on Reactive Plasmas and 11th. Symp. on Plasma Processing , Jan. 19-21, Pacifico Yokohama, Yokohama, Japan 1994.

/111/ Matsumoto, O.; Toshima, H.; Kanzaki Y.; Effect of dilution gases in methane on the deposition of diamondlike carbon in a microwave discharge. In: Thin Sol. Films, **128** (1985), S. 341-351

/112/ Yamashita, Y.; Toada, H.; Sugai, H.: Formation of CH radical by surface bombardment in a CH_4-/Ar DC discharge. In: Japanese Journal of Applied Physics **28** (Sept. 1989) 9, S. L1647- L1650.

/113/ Namba, Y.; Mori, T.: Structural study of the diamond phase carbon films deposititon produced by ionized deposititon. In: J. Vac. Sci. Technol. **A3** (1985), S. 319-323.

/114/ Weissmantel, C.; Reisse, G.; Erler, H-J.; Henny, F.; Bewilogua, K.; Ebersbach, U.: Preparation of hardcoatings by ion beam methods. In: Thin Sol. Films **63** (1979), S.315-25.

/115/ Weissmantel, C.: Preparation, structure and properties of hard coatings on the basis of i-C and i-BN. In: Thin films from free atoms and particles, ed. by Klabunde, K. J., Academic Press, Orlando, Florida, 1985.

/116/ Spies, H-J.; Hoeck, K; Brozeit, E; Matthes, B; Herr, W: PVD hard coatings on prenitrided low alloys steel. In: Surface and Technology, 60. (1993) S. 441 - 445 (PSE 92).

/117/ Rie, K. T; Lampe, Th; Strämke, S.: Neue Entwicklungen zur Herstellung von Hartstoffschichten mittels Plasma-CVD. In: Z. Werkstofftechnik **17** (1986), S. 109-114.

/118/ Zlatanovic M.; Münz W. D.; Wear resistance of plasma nitrided and sputter-ion plated hobs. In: Soc. of Coating Techn. 41 (1990), 17-30.

/119/ Sirvio, E. H; Sulonen, M: Abrasive wear of ion- plated titanium nitride coatings on plasma-nitrided steel surfaces. In: Thin Solid Films, 96 (1982), S.93- 101.

/120/ Chopra, K. L.; Kaur, I.: Thin film technology. In: Thin film device applications. Plenum Press, New York, 1983,

/121/ Hagstrum, H. D.; Tekeschi, Y.; Pretzel, D.D.: Energy Broadening in the Auger-Type Neutralization of slow ions at solid surfaces. In: Phys. Rev. **A 139** (1965) S. 526-539.

/122/ Toth, L.E.: Transition Metal Carbides and Nitrides, New York, 1971

/123/ Holleck, H.: Material selection for hard coatings. In: J. Vac. Sci. Technol. **A4**, 1986, S. 2661 - 69.

/124/ Lunk, A.: Trends in the plasma activated deposition of hard coatings. In: Contr. Plasma Phys. **31** (1991) 2, S. 231 - 246.

/125/ Thornton, J. A.; Hoffmann D. W.: Stress related effects in thin films. In: Thin Solid Films **171**, (1989), S. 173 - 179.

/126/ Bull, S. J.; Jones, A. M.; McCabe, A. R.: Stress related effects in thin films. In: Thin Solid Films **171** (1989), S. 5 - 31.

/127/ Knight, J. C.; Page, T. F.: Interfacial phases and the adhesion of amorphous hydrogenated carbon film deposited by RF-CVD onto 100 silicon. In: Surf. and Coat. Technol. **53** (1992), S. 121 - 128.

/128/ Mattox, D. M: Interface formation and the adhesion of deposited thin films. Albuquerque, New Mexico, USA: Sandia Corporation Monograph R 65 852, 1965 S. 1 - 20.

/129/ Güttler, J.; Reschke, J.: Metal-carbon-layers for industrial application in automotive industry. In: Plasma Surface Engineering, (1992) presented at the 3rd Int. Conf. on Plasma Surface Technol. PSE Garmisch-Partenkirchen, Germany, Oct. 92.

/130/ Jolly, J.; Cernogora, G.: Diagnostics des plasmas hors d'équilibre: spectroscopie optique d'émission et d'absorption spectroscopie laser, Script École d'Été de Physique des Plasmas Froids, 1992.

/131/ Svanberg, S.: Atomic and Molecular Spectroscopy. Springer Verlag, Berlin, 1990.

/132/ Huddlestone, R. H.; Leonard, S. L.: Plasma diagnostic techniques Academic Press, New York, (1965), S. 72.

/133/ Miller, T. A; Optical emission and laser induced fluorescence diagnostics in reactive plasmas. In: J. Vac. Sci. Technol. **A 4** (May/Jun.1986) 3, S. 1768 - 1772.

/134/ Donnelly, V. M.: ed. Auciello, O.; Flamm, D. L.: Plasma Diagnostics Vol. 1. discharge parameters and chemistry. Academic Press , San Diego, Calif. USA, 1989.

/135/ Coburn, J. W.: Summary Abstract: Diagnostic in plasma processing. In: J. Vac. Sci. Technol. **A4** (May/Jun. 1986), S. 1830 - 1832.

/136/ Tiziani, H.J.: Vorlesungsmanuskripte Optische Grundgesetze und Opt. Informationsverarbeitung. Institut für technische Optik der Universität Stuttgart, 1988.

/137/ N. N.: Photomultiplier Tubes. Firmenschrift der Hamamatstu TV CO., LTD, Japan, 1990.

/138/ N. N.: Monochromator / Spektroskope. Firmenschrift der Jobin-Yvon S.A, Paris, 1990.

/139/ N. N.: Glaseigenschaften und Transmissionscharakteristika. Firmenschrift Heraeus GmbH, Hanau, 1992.

/140/ Sultan, G.; Baravian, G.: Spectroscopic study of carbon and hydrogen atomic lines in a DC H_2-CH_4 discharge. In: Journal of high Temp. Chemical Processes, **1** (1992), S. 525-531.

/141/ Bockel, S.; Amorim, J.; Baravian, G.; Ricard, A.; Stratil, P.: A spectroscopic study of active species in DC and HF flowing discharges in N_2-H_2 and Ar-N_2-H_2 mixtures. Plasma Sources Sci. Technol. (UK) vol. 5. no. 3. Aug. 1996. S. 567-572.

/142/ Nguyen, S.: Plasma assisted CVD thin films for microelectronic applications. Review. In: J. Vac: Sci. Technol. **B4** (1989) 5, S. 1159-1167.

143/ Kulakowska, B.; Zyrnicki, W.: Spectral diagnostics of glow discharges in N_2, Ar and N_2-Ar atmospheres. In: Plasma Surface Engineering, (1989), DGM Informationsgesellschaft Proc. of the 1st. Int. Conf. on PSE 1988 Garmisch-Partenkirchen, Germany, Amsterdam Elsevier, 1989.

/144/ Suzuki, H.; Nobata, K.: Measurement of hydrogen atom density in a Z-discharge plasma using intensities of Hα and Hβ lines. In: Jpn. J. Appl. Phys. **25** (1986) 10, S. 1589-1593.

/145/ Leroy, O.; Stratil, P.; Jolly, J.; Perrin, J. Belengueur, P.: Spatio-temporal analysis of the double layer formation in hydrogen RF - discharges. In: J. Phys.D: Appl. Phys. subm. Nov. 7, 1994

/146/ Aarts, J. F.; Beenakker, C. I. M.; deHeer, F. J.: Electron impact excitation cross section studies in methane. In: Physica **53** (1971).

/147/ Morrison, J. D.; Traeger, J. C.: Studies of ionization cross section of CH_4. In: Int. J. Mass. Spectrom. Ion Phys. **11** (1973), S. 289ff.

/148/ Adamczyk, B.; Boerboom, A. J. H.; Schram, B. J.; Kistenmaker, J.: Cross section of Methane. In: J. Chem. Phys **44** (1966).

/149/ Pang, K. D.; Ajello, J. M.; Franklin, B.; Shemansky, D. E.: Electron impact excitation cross section studies of methane and acethylene. In: J. Chem. Phys. **86** (1987)5, S.2750-2764.

/150/ Plessis, P.; Marmet, P.; Dutil, R.: Ionisation and appearence of CH_4 by electron impact. In: J. Phys. **B 16** (1983), S.1283-1294.

/151/ Winters, H. F.: Dissociation of CH_4 by electron impact. In: J. Chem Phys. **63** (1975) **8**, S. 3462-66

/152/ Chatham, H.; Hils, D.; Robertson, R.; Gallagher, A.: Total and partial electron collisional ionisation cross sections for CH_4, C_2H_6, and SiH_6. In: J. Chem. Phys. **81** (Aug. 1984) 4.

/153/ Orient, O. J.; Srivastava, S. K.: Electron impact ionisation of H_2O, Co, CO_2, and CH_4. In: J. Phys. **B 20** (1987), S. 3923.

/154/ Tawarara, H.; Kato, T.; Ohnishi, M.: Total and partial electron collisional ionisation cross sections for H. **IPPJ-AM-37,** (1985).

/155/ Ricard, A.: Spectroscopy of flowing discharges and post discharges in reactive Gases. In: Surface and Coatings Technology, 59, (1993) S. 67- 76)

/156/ Donnelly, V. M.; Flamm, D. L.; Brouce, R. H.: Effects of frequency on optical emission, electrical, ion and etching characteristics of a RF chlorine plasma. In: J Appl. Phys. **58** (1985), S. 2135.

/157/ D'Agostino, P.; Cramarossa, F.; DeBenedictis, S.; Fracassi, F.: Optical emission spectrosc. and actinometry in CCl_4-Cl_2 RF-discharges. In: Plasma Chem. and Plasma Proc. **4** (1984) 3, S. 163-178.

/158/ D'Agostino, P.; Cramarossa, F.; DeBenedictis, S.; Fracassi, F.; Laska, L.; Masek, K.: On the use of actinometric spectroscopy in SF_6-O_2 RF discharges: theoretical and experimental analysis. In: Plasma Chem. and Plasma Processing. **5** (1985) 3, S. 239-253.

/159/ Kawata, H.; Takao.; Y.; Murata, K.; Nagami, K.: Optical emission spectroscopy of CF_4 and O_2 plasmas using a new technique. In: Plasma Chemistry and Plasma Proc. **73** (1988) 2, S. 189-206.

/160/ Petitjean, L.; Richard, A.: Emission spectroscopy study of N_2 H_2 glow discharge for metal nitriding. In: J. Phys. D: Appl. Phys; **17** (1984), S. 919-929.

/161/ Felts, L.; Lopata, E.: Measurement of electron temperature in capacitively coupled plasma using emission spectroscopy. In: J. Vac. Sci. **A 6** (May/Jun 1988) 3, S. 2051-2053.

/162/ Sommerville, J. M.: The Electric Arc, Methuen, London 1959

/163/ Kovacs, I.: Rotational structure in the spectra of diatomic Molecules, Hilger, London, 1969.

/164 / Suckewer, S.: Population of excited levels of atoms and ions: electron temperature and density from relative line intensities of the ions C, N, O. In: Phys. Rev. **170** (1968) 1, S. 239-244.

/165/ Brenning, N.:Temperature determination in low density plasmas from the He I 3889 A and 5016 A line intensities. In: J. Phys. D: Appl. Phys. **13** (1980), S. 1459-1475.

/166/ Kim, H. J.; Matsuo, K.; Muraoka, K.; Akazaki, M.: Electron temperature in glow discharge plasmas. In: J. Phys. D: Appl.Phys. **22** (1989), S. 1555-1557.

/167/ Pealat, M.; CARS Spectroscopy, Vorlesung, von Karman Institute for Fluid Dynamics 1993/94.

/168/ Amorim, J.; Baravian, G.; Jolly, J.: Two-photon laser induced fluorescence and amplified spontaneous emission atom concentration measurement in O_2 and H_2 discharges. In: J. Appl. Phys. **76** (2), 15. (Jul. 1994), S. 1 - 7.

/169/ Sultan, G.; Baravian, G.; Jolly, J.: Resonant three-photon ionization and two photon laser induced fluorescence of atomic oxygen in a discharge and post discharge. In: Chemical Physics Letters 175 (1/2), Nov. 1990, S.: 37 - 42.

/170/ Gottscho, R. A.; Mandich, M. L.: Time resolved optical diagnostics of radio frequency plasmas. In: J. Vac. Sci. Technol. **A3** (May/Jun.1985)3, S. 617-624.

/171/ Barbeau, C.: Étude de la région cathodique d'une décharge luminescente d'hydrogène: diagnostics spectroscopiques. Thèse Université Paris XI, Orsay, (1991).

/172/ Barbeau, C.; Jolly, J.: Spectroscopic investigation of energetic atoms in a hydrogen glow discharge. In: J. Phys. D: Appl. Phys. **23** (1990), S. 1168-1174.

/173/ Janca, J.; Skricka, L.: Simple and quick rotational temperature determination in N_2-containing discharge plasma. In: Plasma Chem. and Plasma Proc. **13** (1993) 3, S. 567-577.

/174/ Beenakker, C. I. M.; Verbeek, P. J. F.; Möhlmann, G. R.; de Heer, F. J.: The intensity distribution in the $CH(A^2\Delta\text{-}X^2\Pi)$ spectrum produced by electron impact on acethylene. In: J. Quant. Spectrosc. Radiat. Transfer. **15** (1975), S. 333-340.

/175/ Czernichowski, A.: Temperature evaluation from the partially resolved 391 nm N_2^+ band. In: J Phys. D: Appl. Phys. **20** (1987), S. 559-564.

/176/ Phillips, D. M.: Determination of gas temperature from unresolved bands in the spectrum of a nitrogen discharge. In: J. Phys. D: Appl. Phys. **8** (1975), S. 507-521.

/177/ Gomez-Aleixandre, C.; Sanchez, O.; Castro A.; Albella, J. M.: Optical emission characterizsation of $CH_2 + H_2$ discharges for diamond deposition In: J. Appl. Phys. **74** (1993) 6, S. 3752-3757.

/178/ Bonetti, R. S.; Tobler, M.: Amorphe diamantähnliche Kohlenstoffschichten im industriellen Maßstab. In: Oberfläche / Surface, **9** (1988), S. 15-17.

/179/ Reuschling, R.; Hochskalieren von Plasmaprozessen. In: Vakuum in der Praxis **1** (1994), S. 13-19.

/180/ Kulakowska, B., Zyrnicki, W.: Spectral Diagnostics of Glow Discharge in N_2 / Ar and N_2 / Ar Atmospheres. In: Plasma Surface Engineering, Band 1 (1989), DGM Informationsgesellschaft. Proc. of the 1st. Int. Conf. on PSE 1988 Garmisch Partenkirchen, Germany.

/181/ Wild, Ch.; Wagner, J.; Koidl, P.: Process monitoring of a a-C:H plasma. In: J. Vac. Sci. Technol. **A5** (1987) 4, S. 2227-2230.

/182/ Griem, H. R.: Plasma Spectroscopy, Mc Graw Hill, New York, 1969.

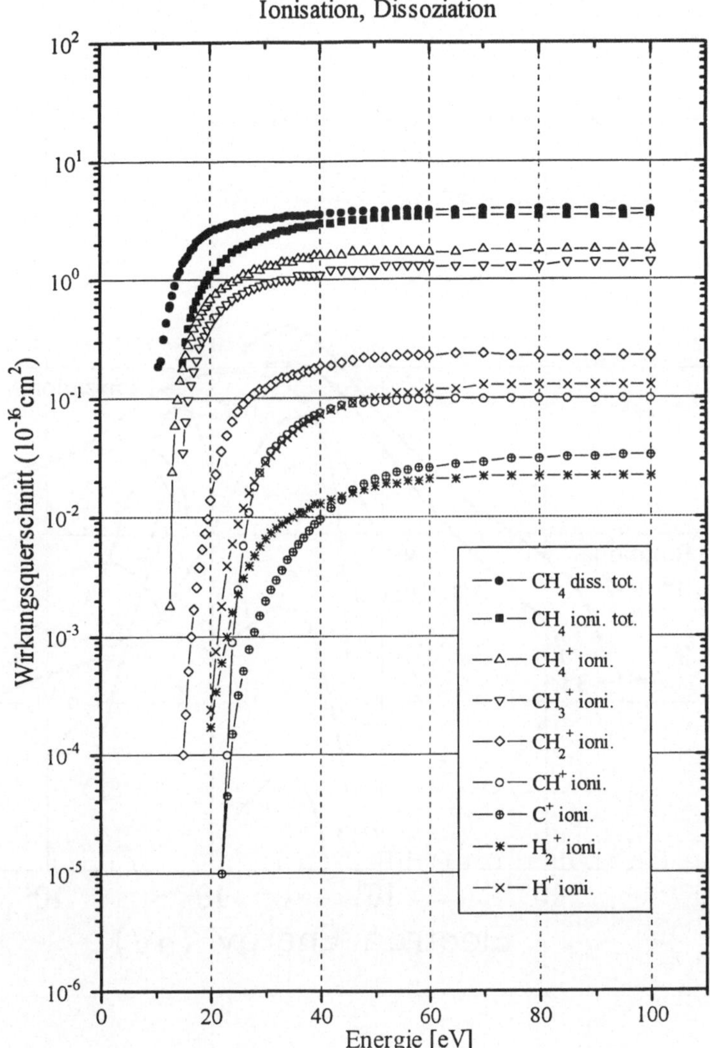

Anhang I **Bild 95** Energieabhängige Wirkungsquerschnitte für Elektronestoßprozesse in Methan /146-153/

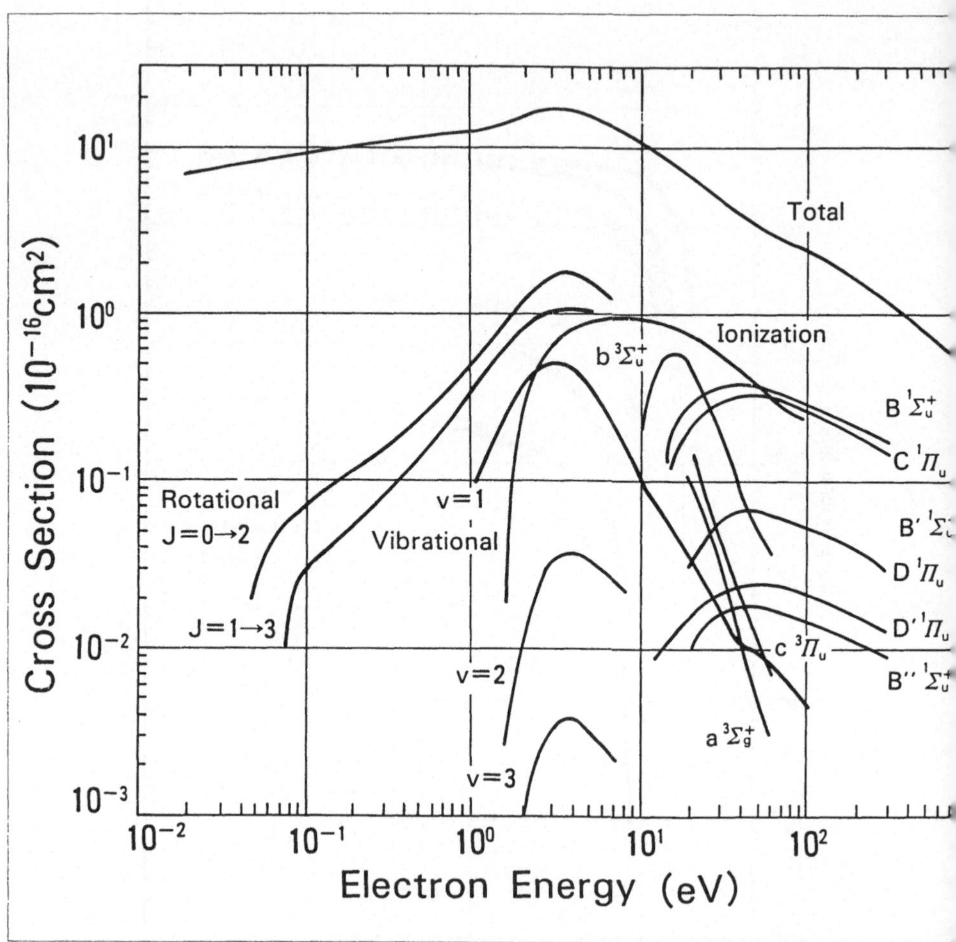

Anhang II **Bild 96** Energieabhängige Wirkungsquerschnitte für Elektronestoßprozesse in Wasserstoff /154

Tabelle ausgewählter Spektral-Linien

Spezies	Transition	Schwingungs-übergang	Wellen-länge (nm)	Anregungs-schwelle (eV)	Lebens-dauer (ns)	
H	Balmer α n=3⇒n=2 Balmer β n=4⇒n=2 Balmer δ n=6⇒n=2		656,2 486,1 463,4	12,1/16,6/21, 12, 75 / 3 17,2	15,6 12,2	
H_2	$G^1\Sigma \rightarrow B^1\Sigma$ $d^3\Pi_u \rightarrow a^3\Sigma_g^+$ -	(v'=0 → v"=0) (v'=0 → v"=0)	463,4 622,4	- 13,8	20 29	
SiH	$A^2\Delta \rightarrow X^2\Pi$	(v'=0 → v"=0)	414,2		550	
Si	$4s^1P^0 \rightarrow 3p^2\ ^1D$		288,1		4	
C	$5p^1D \rightarrow 3s^1P^0$ $3s^1P^0 \rightarrow 2p^1S$		426,9 247,8		≥ 1000 2.6	
CH	$A^2\Delta \rightarrow X^2\Pi$ $B^2\Sigma^- \rightarrow X^2\Pi$ $C^2\Sigma^+ \rightarrow X^2\Pi$	(v'=0 → v"=0) (v'=0 → v"=0) (v'=0 → v"=0)	431,4 387,1 314,4	12,08 12,43 13,14	565 357 8, 21, 15	
N_2	$B^3\Pi \rightarrow A^3\Sigma^+_u$ $C^3\Pi_u \rightarrow B^3\Pi_g$	(v'=6 → v"=3) (v'=0 → v"=0) (v'=0 → v"=2)	662,3 337,1 380,0	7.4 11.1	~12 s	
N_2^+	$B^2\Sigma^+_u \rightarrow X^2\Sigma^+_g$	(v'=0 → v"=0)	391,4	18.7 /3,17		
N	$2p^2 \rightarrow 2p^23s$		746,8	12		
N^+	$2p3p \rightarrow 2p3s$		568,0	20,6		
NH	$A^3\Pi \rightarrow X^3\Sigma^-$	(v'=0 → v"=0)	336,0	3.7		
Ar	$3p^2 \rightarrow 4s$ $4p^2 \rightarrow 4s$ $3p^54p \rightarrow 2p^54s$		750,4 751,4 696,5	11,8 13,5 13,3		
Ar^+	$3p^45s \rightarrow 2p^54p$		376,5	22,5		
He	$1s^4d \rightarrow 1s^2p$ $1s^3d \rightarrow 1s^2p$		492,2 667,8	23,72 23,06	~50 15,7	
Fe	$Z^7D \rightarrow a^5D$ $Z^5F \rightarrow a^5D$		511,04 372,0	2,42 3,33		

Anhang III **Tabelle 13** Daten ausgewählter Spektrallinien

Kennwerte für Ionisierungs- und Dissoziationsenergien (Atome und Moleküle)

Element / Molekül	Ionisierungsprozeß	W_{Ioni} [eV]	
H	H^+	13,6	
N	N^+, N^{++}	14,5 / 29,6	
C	C^+, C^{++}	11,3 / 24,4	
He	He^+	24,6	
Ar	Ar^+, Ar^{++}	15,8 / 27,6	
Fe	Fe^+, Fe^{++}	7,9 / 16,2	
Ti	Ti^+, Ti^{++}	6,8 /13,6	
H_2	H_2^+ $H^+ + H$	15,4 18,0	
N_2	N_2^+ $N + N^+$	15,6 24,5	
CH_4	CH_4^+ $CH_3^+ + H$ $CH_2^+ + H_2$ $CH^+ + H + H_2$ $C^+ + 2H_2$	12,6 14,0 15,1 19,9 19,6	

Molekül	Dissoziatiosprozeß	W_{Diss} [eV]	
H_2	H + H	4,4	
N_2	N + N	9,1	
NH	N + H	-	

Anhang IV **Tabelle 14** Kennwerte einiger Ionisations- und Dissoziationspotentiale

LEBENSLAUF

Persönliches:

Peter Stratil

geb. am 10. 03. 61 in Kremsier (Tschechische Republik)

Staatsangehörigkeit deutsch, ledig

Schul- und Berufsausbildung:

1968 - 1973	Grundschule in Kremsier und Sindelfingen
1973 - 1978	Realschule, Sindelfingen
1978 - 1981	Berufsausbildung zum Werkzeugmacher, IBM Deutschland GmbH, Stuttgart
1981 - 1984	Technisches Gymnasium, Sindelfingen
1984 - 1985	Zivildienst

Studium:

1985 - 1991	Studiengang Maschinenwesen an der Universität Stuttgart, Hauptfächer Feinwerktechnik und technische Optik
30. 08. 1991	Abschluß mit Diplom

Berufstätigkeit:

9. 91 - 4. 93	Wissenschaftlicher Angestellter, Universität Stuttgart, Institut für Industrielle Fertigung und Fabrikbetrieb
5. 93 - 4. 95	Interdisziplinäres deutsch-französisches Forschungsprojekt Fraunhofer Institut für Produktionstechnik und Automatisierung, Stuttgart in Kooperation mit den Instituten: Laboratoire Plasmas Réactifs en Interaction avec les Matériaux (L.P.R.I.A.M.), CNRS / ONERA, Palaiseau und Laboratoire de Physique des Gaz et des Plasmas (L.P.G.P), Université Paris-Sud, Orsay
5. 95 - 12. 95	Forschungsaufenthalt zur Optimierung plasmadiagnostischer Methoden am Laboratoire de Physique des Gaz et des Plasmas (L.P.G.P.), Université Paris-Sud, Orsay
seit 15. 1. 96	Qualitätswesen ZF-Getriebe GmbH, Saarbrücken